想成交，先要有被拒絕的勇氣

【商業周刊】超業講堂大師 **陳彥宏**◎著
暖男繪者◎趙祺翔

推薦序一　「創世代」創造好業績的寶典

彥宏老師是安麗公司合作多年的講師，從初階領導人、高階領導人的課程，到許多講座，甚至海外學習之旅，每次的合作不僅帶給學員們精確實用的課程，也和我們成了亦師亦友的夥伴關係。

書中提到的「銷售」，其實是每個人每天都在做的事，但與其說是銷售，不如說是「分享」；可能是分享一件商品、一次旅遊經驗、一本好書、甚至是一種信念。而不管分享的內容為何，我們都是因為相信自己的信念，才會希望把這些想法銷售出去。

安麗的企業願景是「幫助人們過好的生活」，秉持這樣的理念，直銷商銷售產品時，是希望帶給消費者健康和美麗；推廣事業機會時，是希望與別人分享改變未來的希望。因為這樣堅定的信念，讓他們分享時積極熱情，即使被拒絕，也依然昂首闊步、微笑以對。

在現實生活中，我們每個人都必須具備被拒絕的勇氣，不管創業家、高階主管、基層員工、社會新鮮人……，都可能經常面臨被拒絕的挑戰。但只要相信自己的信念，肯定自己所分享的商品、服務能幫助更多人，就能無所畏懼、勇敢走自己的路。

祝福你，透過本書的精彩內容，讓自己在工作中有所突破，成為更好的自己。

台灣安麗日用品股份有限公司　總經理　陳惠雯

推薦序二　簡單卻不簡單的業務寶典

業務員在這個世界上是很特別的一項工作，因為他必須將客戶覺得不需要的產品，想辦法讓客戶知道他真的需要並且成交，老實說這並不容易，因為如果只是將客戶原本就需要的產品賣給他，那就只是銷售員而不能稱為業務員了。

所以在業務員行銷一個產品的過程當中，包含了非常多的專業知識、經營技巧，甚至為人處世的能力。

當年我博士班畢業，放棄了人人稱羨的教授工作，卻選擇成為保險業務員，許多人十分不看好，但我很清楚這是一條值得一闖的道路，因為我知道這是一個困難的工作，但也唯有困難才能夠讓我的人生得到更多。保險生涯十二年下來，我的一切收穫與成長也證明我當初的決定是對的。

這幾年輔導業務新人，總會發現因為世代的差異，尤其是網路時代的來臨，如何建立業務員正確的心態，同時透過有系統的技巧教學，讓業務員可以在短時間學會、學懂還用得出來，是一件非常不簡單的事。

而彥宏的新書，不僅從業務心態開始，到業務技巧的系統建立，更透過社群工具的運用，讓業務工作事半功倍，我很喜歡這本書的表達方式，簡單清晰加上大量故事案例，就像是本易讀的銷售秘笈，人人都能輕鬆上手。

沒有一種成功是一蹴可及的，唯有透過持續的學習和練習，才有機會發揮你的業務超能力。

善用這本書，你一定可以成就偉大的業務工作。

南山人壽　群真通訊處　處經理　張雲翔

推薦序三　從個人品牌到團隊經營的祕訣

跟著彥宏老師學習有好長一段時間，相識當時在企業服務，從事管理的工作，一直到之後開始創業經營自己的兩個個人品牌——以趙大鼻為圖文作家，以趙祺翔為企業講師，一直到現在，則是開始經營團隊，為不同企業或組織提供更客製化的服務，這一路上自己從公司的職員到自由工作者，或是現在的負責企業與團隊的經營，深深覺得這一切的工作，都脫離不了業務。

在這一路的過程中，很慶幸在彥宏老師身上學到了許多，在彥宏老師的課程中或是與他的相處裡，常常都能得到許多別具眼光，而且有創見的想法跟作法，每每將它試行在自己的人生與工作，都有很大的獲得。

業務力不只是業務從業人員所必須的修鍊，在電商時代來臨、個人品牌崛起的現今，很興奮彥宏老師能將他在課程中以及人生裡的心得與想法將它記錄下來，有幸能在新書出版之前閱讀這本書的初稿，看完以後，深深覺得這本書不只是做業務的人應該看，從事企劃行銷的人也應該閱讀，經營企業的人應該看，對個人品牌經營有興趣的人，這本書更是一本不可多得的好書。

彥宏老師不藏私地把他的經營心得，以最專業的理論架構再搭配上生動有趣的故事以及文字，甚至其中還有一些遊戲或是案例與讀者互動，閱讀這本書的時候，像是重回到彥宏老師的課程現場一樣，而且課程中還有可能會因為時間而遺忘，但是有了這本書，日後更可以重新回味，讓讀者更加有得。

這次這本書，我在閱讀之後，特地以彥宏老師為原型，畫下了屬於他的個人插圖，因為在許多的課程多有與彥宏老師的合作，所以我在創作的時候，希望盡最大的努力，把彥宏老師上課時候的狀態，現場帶給大家的氛圍給畫進插圖中，希望讓讀者讀來能別有一翻感受，更能將文字帶進心裡，進而改變生活，感恩彥宏老師這次能有機會做這樣的合作，也祝福每位讀者，願您在這本書裡有大大收穫。

趙祺翔

自序　升級你的業務能力

大環境整體經濟狀況不佳、網路社群網站興起、兩岸乃至於國際之間交流頻繁、同業市場競爭…等，眾多因素累積在一起，讓許多業務員感嘆業績越來越難做。

我從事業務員培訓十五年來，的確發現近兩年市場變化速度遠遠大過於過去十年的變化，從商業周刊超業講堂邀約我的主題就可見端倪。

二〇一三年超業講堂我談的是「透過NLP的氛圍銷售」也就是如何透過NLP（神經語言程式學）的技術，提升銷售時的敏感度，透過觀察客戶面對面時的非語言訊息，增加業務溝通品質。二〇一五年我談的是「成交技巧」，也就是如何強化成交前的準備，問對的問題，增加顧客的購買意願，進而強效成交。

二〇一六年的主題最特別，我在超業講堂中談「業務員如何透過網路社群，經營鐵粉級的顧客」，在當中我分享了我經營臉書粉絲團「業務銷售加油站」的經驗，分享透過臉書、LINE@等工具，如何開發新客戶，服務舊客戶，拓展客戶轉介紹。

其實，不管談論任何主題，我的中心思想是：「業務銷售時，跟顧客面對面的價值，是永遠不會被取代的」，就算是網路社群再活耀，終極目標還是能跟客戶面對面溝通，面對面建立關係和銷售。

這本書，就在這樣的業務市場大變化中誕生。

我深信：不管外在的環境如何，正確的業務心態永遠是王道，因此，本書的第一章節談的就是業務心態的建立，同時，接下來的章節會透過銷售心理學的剖悉，讓你更了解你的顧客的想法，進而攻心成交。

如何建立有效的銷售話術，也是本書中很重要的單元，我不會要你背話術（畢竟那是我的語言習慣，你要是硬背，一定會不順暢），我反而會拆解語言模組，將語言模組背後的語法讓你清楚，學會語法，你自己就可以創造出強而有力的個人專屬話術。

最後一個章節是本書中最特別的，我整理了社群時代業務員如何善用社群工具，讓你「划手機，也能划出高業績」。

準備好了嗎？我們一起升級你的業務能力吧！

目　錄

第二章 為避免「被拒絕」，你必須了解的消費心理學

第三章 學會這些銷售密技，遠離客戶的拒絕

第四章

學會這些銷售話術，遠離客戶的拒絕

第五章

網路時代，讓客戶追著你買東西的密技

第一章

提升「被拒絕的勇氣」，你必須有的態度

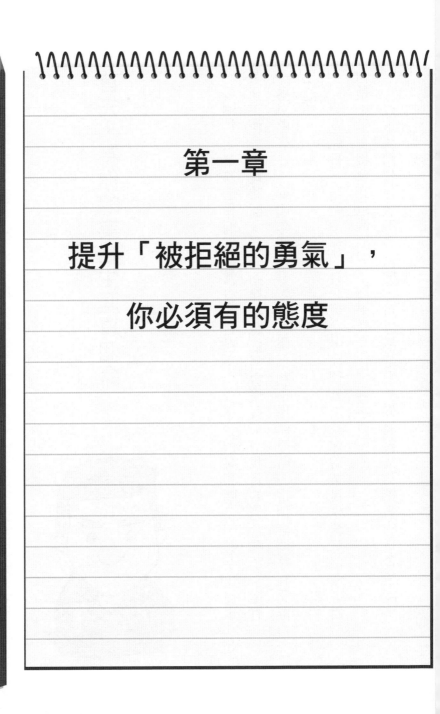

首先，為你的業務生涯算個命

剛加入業務工作的夥伴常會問自己：「我適合做業務嗎？」甚至，從事業務工作一小段時間，當遇到挫折時依舊會懷疑：「我真的適合嗎？」還有一些業務老鳥，面臨年紀提升，體力降低和市場轉變時，這個疑問往往又浮上心頭。

究竟你是不是做業務的料？現在，我們就來為你的業務生涯算個命，看你是不是有機會在這高度競爭的業務工作中脫穎而出呢？

以下《銷售信念調查表》，可以清楚看見你面對業務銷售的真實態度，

甚至可以為你指引與調整出一個更清晰的業務職涯方向。

請回答下列三十個問題，用1～10分為自我評量，1分表示百分之百完全不同意，10分表示百分之百同意，直接將你評量的分數寫在每個題目前。

____1.我很不喜歡銷售。

____2.銷售必須到處求人。

____3.業績越好的人，人際關係越不好。

____4.我不適合從事銷售的工作。

____5.推銷對我而言是痛苦的。

____6.一定要有好的口才，才能做好銷售、勝任業務工作。

____7.我不具備成為頂尖業務員的條件。

____8.業務工作是讓人看不起的工作。

____9.我找不到工作的人，才會從事業務相關工作。

____10.我是「不得已」才是從事業務工作的。

____11.推銷是看人臉色的。

____12.如果可以，我寧願選擇安穩一點的工作。

13. 我不喜歡被推銷。

14. 為了把銷售做好，就必須犧牲生活品質。

15. 業績的好壞跟運氣有很大的關係。

16. 業績太好會導致壓力和健康的問題。

17. 業績好的人其實並不快樂。

18. 從事業務工作會失去自由。

19. 我不喜歡和業務高手做朋友。

20. 我的家人和朋友都不喜歡業務人員，因此，我從事業務工作會很辛苦。

21. 銷售一種天份，我不具備這樣的天份。

22. 我注定不會成為超級業務員。

23. 我從事業務工作只是希望獲得穩定的收入。

24. 要把業績做好，必須犧牲客戶的權益。

25. 我的朋友不喜歡和業務人員交朋友。

26. 我的人際關係不好，不可能成為業務高手。

______27. 我太年輕了，不可能成為業務高手。

______28. 我太老了，不可能成為業務高手。

______29. 要成為業務高手，是非常辛苦的過程。

______30. 我必須把專業和銷售技巧都準備好了，才可以成為業務高手。

最後請將所有題目的分數加總，分數越低代表你的銷售信念越正向，相反的，分數越高代表你需要在銷售路上的改變越大，也因此你有極大的讓人刮目相看的成長空間。

總分在221分以上：你對自己從事業務工作非常沒信心，你總是擔心東、害怕西的，你太在意別人對你從事業務工作的看法，因此，常覺得綁手綁腳的，業務工作中你當前的課題是「明確你的目標」，相信你的公司和主管，對的業務環境可以助你很大的一臂之力。

總分介於121～220分：你期望改變，但有時操之過急，你最大的課題是「行動與堅持」，有時你會因為一次成交而充滿信心，但更多時候你會被客戶的拒絕打敗，要花很長時間才能再度站起來，那是因為你還沒清楚看見自己的「價值」，堅持行動下去，你會慢慢看到自己不一樣的價值。

總分在51～120分之間，你蠻清楚自己究竟為誰而做業務？為何而做業務？雖然有些時候還是會擔心被拒絕，但你懂得借力使力，就算遇到挫折，你也願意給自己和客戶多一些機會，整體說來，你最重要的課題是時間管理，只要你願意更有計畫在業務工作中，假以時日，一定會有極佳的業績展現。

總分在50分以下，你的銷售信念十分堅定且正確，你很清楚自己的目標，你更清楚銷售沒有一步登天，而是步步增添，雖然有些時候你會太急躁，但你的自我覺察力強，所以就算狀況不佳時，你也蠻能快速調整至最佳狀態，你只需學習「不自滿」，當你隨著經驗增加與眼界提升，你終將成為業務圈中的超級巨星。

當然，如果你對測驗的結果不滿意，也不需要擔心，業務工作是充滿成長機會的，很多不被看好的業務員經過他的努力，不僅讓旁人跌破眼鏡，還在這競爭的環境中擁有精彩的業務人生。

不管分數如何，期望這本書讓人人成為那個不畏客戶拒絕的超級業務勇士。

業務員的十五道陰影

業務員，你害怕對客戶提出要求嗎？你害怕被拒絕嗎？你害怕面對權威人士嗎？你害怕被客戶問倒了嗎？這些，都是因為你產生了業務員的陰影，這些陰影導致你無法做好業務工作。我整理了業務員最常碰到的心理狀況，稱之為「業務員的十五道陰影」。這些陰影分別是：

1. 擔心未知
2. 怕失敗

3. 怕被瞧不起
4. 對自己沒自信
5. 看不見價值
6. 自滿
7. 自我感覺良好
8. 不肯學習
9. 不肯請教
10. 想太多
11. 好煩
12. 好無聊
13. 習慣了
14. 依賴
15. 受害者

第一道陰影，往往是「擔心未知」，不知道開口會怎麼樣？不知道得到的回應會不會讓人無法承受？哪種感覺就好像走在不知通往何處的道路上般徬徨無助。既然不知未來如何，乾脆選擇停留在原處不動，以為這樣會安全一點。但真相並非如此！

這種行為代表了你進入了第二道業務陰影「怕失敗」，每個業務員都希望在業務工作中獲得高收入、高成就感；因此「失敗」兩個字，就成了每個業務員的夢魘，但是不行動就能避免失敗嗎？不前進就會因此走在正確的路上嗎？當然不是！

業務員的第三道陰影是「怕被瞧不起」，其實這道陰影往往來自於第四、五道陰影「對自己沒自信」和「看不見價值」，自信是業務員對自己的肯定，肯定自己做的事情是有價值的，肯定自己的產品是幫得到客戶的，肯定自己的公司所生產的產品是品質最好的，如果這些自我肯定都做不到，當然會在意別人的眼光。

第六道陰影是「自滿」，這種業務員往往表現出自負的樣子，天不怕地不怕的他們，總是希望用那舌燦蓮花的話術擊敗客戶，但客戶可不是省油的燈，因此這類的業務員最後往往會伴隨第七種陰影：「自我感覺良好」。從不自我省思，只是不停自我安慰，告訴自己「已經盡力了」，告訴自己「已經很棒了」，卻不知道如果不改變，這些都只是自我欺騙。

另外，「不肯學習」和「不肯請教」是第八和九道陰影，這樣的業務員往往會有這樣的口頭禪：「這個我知道」，但知道不等於做到，知道的很多，能做到的卻很少，最後成了畫虎、畫蘭的「唬爛」嘴砲王。

第十道陰影很常見，叫做「想太多」，這種類型的業務員往往會期望把所有事情都計畫周全才行動，他們永遠都「還在準備」、「快準備好了」，讓人不忍心苛責他們，而事實上業務工作永遠不可能準備到最周全，也因此他們永遠被困在這道陰影之中。

第十一、十二道是雙胞胎，他們叫做「好煩」、「好無聊」，被這兩道陰影困住的業務員症狀是雙眼無神，行動緩慢，做什麼事都提不起勁，彷彿世界上發生任何一件事情都跟他們無關，天塌下來他們依舊活在自己的世界裡。

第十三道陰影叫「習慣了」，這類業務員本來擁有夢想和高度的熱情，但因為短暫的不順利，慢慢的「習慣了」現在的處境。我曾經聽過一個故事：

一個業務員跑去算命，算命師父嚴肅地告訴他：「你到四十歲以前運勢都不好！」他馬上問：「那四十歲以後呢？」師父嘆了口氣回答他：「四十歲之後你就習慣了。」其實這故事講的就是這類人吧！

第十四道陰影是「依賴」，這種業務員往往是主管放縱的結果，在菜鳥時期，主管呵護備至，甚至陪同去做銷售，一次又一次的依賴，最後主管變成這種業務員的助理一般，而「依賴」的業務員依舊予取予求，完全無法成長。

最後一道陰影最嚴重，叫做「受害者」，在他們的眼中世界是灰暗的，客戶是「機車」的，主管是「冷血」的，市場是沒有機會的。錯的永遠是別人，永遠不是自己，他們充滿批判的眼光，抱怨的言語，因此很快就被迫離開業務銷售的環境，離開後…他們依舊繼續抱怨。

檢視一下自己具備哪幾道陰影，如果察覺到自己的陰影，恭喜你，畢竟「覺察力是學習力之母」，這將是你變得更好的第一步。

業務員，必須具備被拒絕的勇氣

很多業務主管告訴我，大部分業務菜鳥會經歷「害怕被客戶拒絕的階段」，讓這些主管在輔導時非常頭痛，其實這種心態，不僅出現在新進業務員中，甚至資深的業務員也常見，只是，那些跨不過這種心態的業務員，往往提前陣亡，根本沒有機會成為業務老鳥，也才讓人誤以為這是業務菜鳥才有的「症狀」。

探究這種「害怕被拒絕」的症狀時，業務員往往會以不同的藉口來包裝，例如：「我覺得我的專業還不夠」、「我想準備得更充足，才去拜訪客戶」、

「我的客戶過段時間就會接受我了」、「再給我一段時間」⋯，不管用甚麼理由來安慰自己，讓自己好過一點，不論銷售前的準備時間再長，只要不敢去面對客戶，一切都是空談，而一次次退縮的結果，最後往往只留下「我不適合做業務」的遺憾。

暢銷書《被討厭的勇氣》是日本哲學家岸見一郎的著作，他透過一個哲學家和一位年輕人的對話形式，將心理學家阿德勒（Albred Adler）的「勇氣心理學」詮釋得非常精準，其中一段話讓我印象深刻：

「人只有在覺得自己有價值的時候，才會有勇氣。」

原來，業務員之所以不敢向客戶開口，不敢見客戶，害怕被客戶拒絕，背後真實的原因是：**看不見自己的價值**。

因為看不見自己商品的價值，所以銷售時心中往往只有自己的業績，跟客戶溝通的時候，不自覺地露出急於成交的狀態。別說客戶感受得到業務員的急躁，自己更是給自己莫大的壓力，在彼此心理狀態都不舒服的情況之下，怎麼可能順利成交？

因為看不見自己的價值，會覺得自己的工作像是在「求」客戶埋單，因此溝通時的氣勢往往矮客戶一截。業務員自信心全失的結果，就是換來客戶一句句：

Ｎｏ！

頂尖的業務員跟平庸的業務員最大的不同，往往不在專業或銷售技巧，而是心理素質的強壯程度。

頂尖業務員非常清楚：「我有盡全力向客戶銷售的義務，但客戶有接受或拒絕的權力」。盡全力是業務員的本份，不代表客戶一定要有對等的回應，這才是業務員應該有的心態！事實上，頂尖業務員清楚地瞭解，自己工作的價值在於「幫客戶買東西」，平庸業務員卻總是停留在「賣東西給客戶」，這就是為什麼頂尖業務員更相信自己提供的商品一定可以協助到客戶，不僅解決客戶的問題，更帶給客戶更美好的生活，也因此講起話來鏗鏘有力，堅決篤定，當然較能輕易說服客戶。

換個角度思考，還沒開始銷售前，客戶本來就沒跟你買東西，就算他拒絕了，不過就是回到一開始「沒有買」的狀態，對業務員而言根本沒有損失。

但是，只要我們看重自己的價值，相信產品真正能帶給客戶好處，用心做好每一個銷售流程、踏穩每一項步驟；任何一個客戶的認同和成交，不都是多「賺」的嗎？

業務員！你有「拒絕人」的勇氣嗎？

「顧客的話永遠是對的」、「服務就是超乎客戶的預期」、「創造被利用的價值，就可以產生更高的績效」，以上這些看似業務員的金科玉律，在過去我也視為業務銷售的重要信念。當然，現在的我還是覺得這些話有其道理，但其中卻藏著一些常見的迷思，必須要提醒大家注意，避免誤解這些話的真正意涵。

先分享一個案例吧！

小李是我剛進壽險業時的同事，他的年資只比我早半年，年齡跟我又相近，所以我們很快成了會彼此鼓勵的好友。但不知道為什麼，不到半年，我的業績就遠遠領先他，甚至當我晉升業務主管時，他每個月還是常為了達到業務考核的低標而傷腦筋。

有些人可能會認為：「是不是小李不認真啊！」其實剛好相反。他沒有偷懶、也沒有不認真；相反地，我認為他是辦公室裡最努力的業務員，有時我想偷閒找他翹班喝茶看電影，他都以跟客戶有約，或是要幫客戶忙而拒絕我。我整天看他忙進忙出，有時甚至兩支手機都響起客戶的來電，忙的都是跟客戶有關的事情，可是成交簽約的速度卻是比其他人還慢。

這是什麼情況？！鬼打牆嗎？

有一次，我終於忍不住問他：「你到底都忙些什麼？」他回答我：「都是些客戶的事啊！像去幫客戶接小孩下課、幫客戶排隊買賣座的電影票、幫客戶送禮物去給心儀的對象等。」我聽到這些話之後，在心裡吶喊：「天啊！也太誇張了！」後來我才發現，這些我聽起來跟銷售沒有直接關係、根本就是雞毛蒜皮的事情，在他眼中都是服務客戶的方式。甚至，有些時候客戶臨時提出緊急的要求，還迫使他改變原來的行程去服務客戶。

這些讓客戶「吃人夠夠」的服務，並沒有因此使小李成為超級業務員，反而成為客戶心目中的「小李子」，讓人使喚來、使喚去！一直被客戶予取予求。這樣任人使喚的結果，就是讓客戶不重視他，當然也不會跟他簽約！一年多後，我晉升業務襄理時，他也黯然離開了業務工作。

在小李身上，我看見百分百以客戶為出發點、樂於服務的典範，但也讓我學習到「真正的專業是幫客戶解決問題」，所謂的「解決問題」必須是跟產品本身有關的問題，例如：銷售金融商品，協助客戶報稅、提供稅務相關資訊等，這是有關連性的服務，如果是去幫客戶接小孩下課這種無關專業的事，能不做就不要做！除非是客戶開口拜託，才能偶而為之；這種偶爾的舉動，會讓客戶對你產生感謝之情，對業務員和客戶的關係才會有幫助；太常做，反而客戶會覺得你像他的傭人，不但看不見你的付出，還抹煞了你的專業度。

再舉房仲業務的例子，房仲業務員的專業就是幫買方找到好的賣方，協助彼此開心成交。有許多用心的業務員，會協助買方打掃整理、讓房子的賣相更好，這就是專業的好服務；但如果沒事要陪買方吃飯、喝酒，這很容易讓人把你當成「酒肉朋友」，又損了自己的專業，是一件得不償失的事情！

業務員的價值在於提供客戶跟商品本身有關的專業服務，業務員絕對不是萬能，但，客戶在產品相關的問題需要我們，我們必當全力以赴，這才是真正的業務精神。

適當的時候拒絕客戶，不僅讓自己的業務路走得更久遠，更能提高你在顧客心目中的地位與價值，提高相關領域中你在客戶的心目中的地位。

影響力決定了你的銷售績效

人跟人的互動往往需要大量的溝通，因此，人際關係一直是每個人一生最重要的課題。而業務銷售正是人際關係的延伸！業務員跟客戶互動的過程中，不僅是期望對方接受我們的觀點，更希望他們願意掏出口袋中的錢買單。因此，業務員在銷售時的溝通難度，又比一般人際互動中來的困難。

過去，很多人認為影響力就是透過強大的氣勢逼對方就範，但是《洞悉人性，發揮真正影響力》這本書打破了這個錯誤的迷思。書中明確指出：「現在的世界，人們越來越了解操作策略，警覺性也隨之提高。」若是依舊運用

過去常見的強行推銷手段，只會遭遇客戶更加強力的拒絕。

這本書談到：「你需要從『非連結影響力』轉換到『連結影響力』。」也就是說，業務工作必須開始學會關注客戶的真正想法與需求，設身處地為他們著想，唯有加入他們、感恩他們，才有機會影響他們。

能夠妥善運用這種「連結影響力」的業務員，不僅受人歡迎，更隨時感恩，他不期望客戶在短時間的認同，而是尋求彼此長時間的支持。而在頂尖的業務員身上，我實實在在地看到這種「連結影響力」。頂尖的業務員幾乎都非常懂得感恩、謙讓，面對客戶的時候不卑不亢，讓客戶喜歡他們，進而把客戶變成他的支持者、他的粉絲，創造出驚人的績效！

那，一般的業務員要如何獲得這種「連結影響力」呢？

想要獲得這樣的能力，業務員必須避開人性中的四種陷阱。第一種：人性中往往習慣逃避或是戰鬥，因此，要不輕易放棄影響別人，就會太過強硬的 PUSH 別人。第二、三個陷阱分別是「重複舊的行為」和「自我感覺倆好」，這兩個陷阱讓許多人困在過去既有的錯誤模式卻不自知。第四個陷阱是「知識的詛咒」，很多時候業務員自以為專業知識比客戶多，當客戶提出他們真正的疑惑時，業務員心中卻滴咕著：「又來了，拜託，這問題根本不是問題」，以這種態度跟客戶互動，難怪彼此不能產生真正的「連結」。

業務員最常見的盲點就是說得太多，聽得太少；而「連結影響力」強調的是：真正的影響力必須以對方為出發點。多一點傾聽、聽出客戶問題背後的問題；多問一些關鍵問題，讓客戶可以真實的表達自己，透過這樣的「連結」，才能建立長久且雙贏的影響力。所以，我認為「連結影響力」將是這個時代業務員最重要的課題，也是必修的關鍵能力。

你是品牌，更是代言人

提到品牌，你會想到什麼呢？LV、hTC、Apple、Channel、7-11等在不同領域當中的龍頭品牌。再細分一點，如果談到智慧型手機，印象最深刻的應該是Apple、三星、hTC、小米；如果提到超商，那就是7-11、全家、萊爾富；如果提到精品，那可能就是LV、Burberry、Dior、Gucci等；如果提到餐飲的話，可能想到的就是王品集團、鬍鬚張；提到電腦品牌的話，那就是Acer、Asus、Sony、HP等。

但如果提到你自己呢？你是什麼品牌？

很多人對於這個問題，其實都回答不出來。因為大部分的人總是認為，品牌的經營是大企業在做的事情，而我只是一個小業務、我只是一個普通的營業員、我只是一個小螺絲釘，品牌經營關我什麼事情？

關係大了！如果，你想要成為傑出的業務人員，就要好好經營自己的招牌！

在訓練過許多的業務人員，我發現到很多頂尖的業務員，都把自己當做品牌在經營，只要聽到他的名字，你就知道他在做什麼，甚至無條件信任他。為什麼他們有這樣的本事？因為他們經營的不只是商品，而是經營自己的品牌價值！世界上賣出最多的汽車業務員喬吉拉德（Joe Girard），大家都知道他一天平均賣出6輛車，但是卻很少人注意他賣的是什麼車，因為客戶關注的是他、信任他。所以，如果想要成為頂尖的業務員，你該想的是：讓自己成為名牌！

成為名牌的三招秘技

看完上一段話，你或許會說：「我認同你說的啊！但我根本不知道怎樣能成為名牌啊！我也沒有多餘的錢可以行銷自己啊！」其實，有三個秘技可以讓你換上新腦袋，讓自己成為名牌！

第一招：要高調：有一些業務員會對我說：「老師，其實我都很低調，那我該怎樣打造我的品牌價值？」聽到這些話真令人哭笑不得。如果你想要打造自己的品牌價值，那怎麼會「要低調」呢？你覺得LV、Channel低調嗎？當然不，這些品牌都高調到不行。喬吉拉德也是一個超級高調的人，他演講的時候，一定在聽眾的位置上放自己的名片，他也曾經在棒球場上灑名片，只要任何能拓展知名度的方法，他都會盡力去嘗試。

當你越高調的時候、你的客戶就會越多，當客戶越多的時候，你會發現：客戶怎麼一直追著你跑？他們會捧著大把銀子上門，要求你賣他們東西。高調的業務人員就如同杜拜一般，因為他們夠高調，所以投資案、旅客、頂尖人士都會主動找上門。當你夠高調的時候，就不需要再去找客戶，因為客戶會主動來找你！

第二招：要敢想大的。產品賣不出去，往往不是銷售局限，而是大腦局限。怎麼說呢？平庸業務員只敢想小的案件，所以在茲念茲都是小格局的銷售方式，怎麼可能會建立自己的品牌？你可以想一想：如果 7-11 只想成為萬華區的小商店，那它可以發展成為 5000 家分店的企業嗎？絕對不可能，因為格局不同！

如果你是保險業務員，當你碰到張忠謀的時候，你要怎麼跟他對談？如果你碰到郭台銘，你又要怎樣跟他相處？你覺得他們有可能跟你買嗎？如果你認為不行，那就真的不會你買。如果他們會，那會是因為什麼原因跟你買？你跟其他業務員有什麼不一樣？這時候你就是在打造你的跟別人不同的地方！如果你都可以銷售給這些大企業家，那麼銷售給一般客戶，那不就是易如反掌？

第三招：塑造價值。有時候看到一些業務員做得很辛苦，不但是客戶隨傳隨到，還被客戶要求東、要求西，讓他們覺得業務做得很沒有尊嚴。我很想告訴這些業務員不要再這樣做了，因為踐踏自己尊嚴的不是客戶，而是你自己！我認為：「無論在你個人或產品上，都應該創造珍貴無比的價值，因為名牌的珍貴便是因為稀有，越難以取得，越具有價值。」

不知道讀者有沒有發現，保險商品停賣前的業績總是特別好？為什麼？

因為價值！因為消費者知道，這項錯過之後就沒有了，所以價值大大地被提昇了！為什麼超商的集點總是可以掀起風潮，讓人願意花大錢收集這些可愛的小物？都是因為限時限量，讓消費者永遠都「捨不得」，害怕買不到。同樣地，你也應該將品牌的價值放在自己身上。

總結來說，當你成為名牌之後，客戶買單的不只是你提供商品，而是你本身！因為你就是品牌，甚至你就是商品的代言人。這時候客戶不再因為商品而購買，而是因為你而購買，因為你就是最佳的品牌、最佳的商品代言人！

業務員，你的名字叫做農夫

在二〇一五年商周超級業務講堂的課程當中，我用了一段話作為課程結尾：

業務員，你的名字叫「農夫」。

產品型錄，是你的鋤頭，電腦和智慧手機，是你的鐮刀，公事包，就是你的扁擔。

你的工作必須有高度的自制力，沒有人可以幫你規劃，

只有你自己可以管理自己。

天氣好，你必須早出晚歸，

天氣惡劣，颱風下雨，你的行程還是不能改變。

你懂得「一分耕耘，一分收穫」的道理，

更明白「種瓜得瓜，種豆得豆」的定律。

種子剛種下，你不會奢望它馬上長大，

必須給予完整的陽光和水分，

更重要的是滿滿的全心的照顧和愛。

成交的豐收，不過就是因為愛所結下的果實。

這段話，其實是要提醒業務員，優秀的業務員應該是農夫，而不是獵人。

獵人跟農夫的差別在哪呢？獵人的工作，是一次性的成果。當獵人捕獲到一頭鹿、一隻老虎，都只有一次性的結果，捕獲的鹿、老虎、山羊等，都只能有一次的收入、一次的收獲，當你想要有其他成果的時候，必須要補獵其他的鹿、其他的老虎、其他的山羊。

大部分業務員都是用獵人的心態在做業務。我觀察到業務員喜歡用「砍單」、「拿下訂單」等用語，聽起來非常地霸氣，充滿著企圖心，但這樣的心態真的對嗎？我認為這樣的心態，就是獵人的思維。業務員是把客戶當肥羊，每一次來就是要補獵他們，或許這樣的思維，可以幫助業務員快速擁有亮麗的業績，但是這樣的想法，會讓業務員一次就榨乾客戶，讓業務員需要不斷開發客戶。

但是農夫就不一樣。農夫的思維是什麼呢？是耕耘。當一顆種子種下的時候，農夫就要細心地培養，要悉心地照護，幫農作物除去雜草、去除害蟲，讓農作物可以順利地生長，時間一到就可以收成。對於業務員來說也就是：客戶是需要不斷地經營，是需要長期開發，讓客戶願意相信你，那麼成交就指日可待。

既然我說業務員是農夫，那業務經營就跟農夫種植農作物一樣，需要有一定的程序。這順序就是：春耕、夏耘、秋收、冬藏。

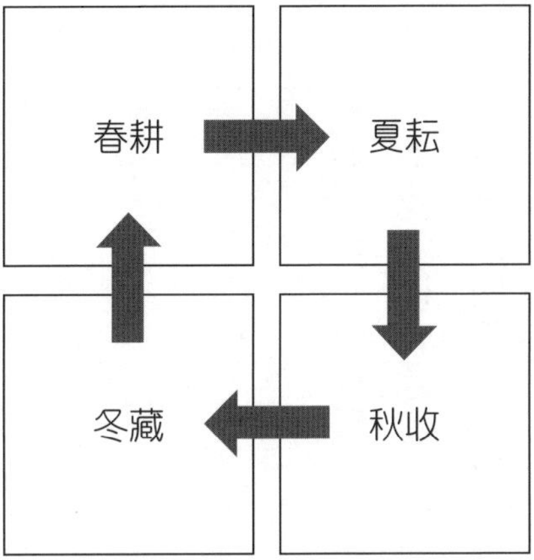

春耕：

・對於農夫來說，春耕就是播種，這時候農夫趁春天萬物生長的時候，讓種子開始發芽。

・對於業務員來說，春耕就是開發客戶，業務員在這個時期，要讓客戶認識你、喜歡你，這時候業務員要讓客戶建立喜歡的感覺，這樣才能算是完成這個階段的任務。

夏耘：

・對於農夫來說，當作物生長的時候，代表其他的雜草也會生長，其他的昆蟲也會來吃作物，所以農夫在這個階段就要除雜草、除害蟲、澆水等，讓作物可以順利地生長。

- 對於業務員來說，這時候是深化跟客戶的關係，業務員必須要照顧好客戶，讓客戶信任你的專業、信任你的能力，最重要的是：信任你這個人！這時候業務員一定要取的客戶信任，這樣才能算是做好「夏耘」。

秋收：

- 秋收時節，以前稱為農忙季節，代表這時候有很多事情要忙。對於農夫來說，秋收是最忙碌的時候，也是最開心的時候。因為一下子要消化這麼多的作物，所以必須要有很多的細節要處理。以稻米來說，要曬穀、去糠等工作，還要準備好明年的種子等。
- 對於業務員來說，準備要成交的時候，就會有很多的行政流程要跑，以保險業務員來說，要準備建議書、簽約單等，送件之後還有可能需要照會、體檢等，所以需要大量地跟客戶溝通。但這階段通常也是業務員最開心的時候，因為該有的獎金、業績都進來了，經過之前的耕耘，現在可以享受豐收的感覺。

冬藏：

- 對於農夫來說，這時候就是準備明年的時節。農夫會看看鋤頭有沒有鬆脫、有沒有生鏽，犁田的工具要維修一下等，還要計畫一下明年要種哪些作物，甚至思索如何做得更好。
- 對於業務員來說，冬藏的階段並不是要你安逸下來。而是要懂得做好接下來的規劃、維持客戶的關係，深化彼此的關係，替未來重複消費與轉介紹做準備！趁著這個時候，讓客戶跟你的關係昇華成為朋友關係，那麼未來的業績自然就不需要擔心。

農夫業務員必須要知道的四個關鍵字！

綜合了這些流程，可以發現到業務員在這四個階段，有幾個重要的關鍵字與目標。

春耕階段：

這時候的關鍵字是「親和力」，業務員要讓客戶喜歡你，這樣才有機會開啟後面的流程，如果客戶不喜歡你，一切都免談。

夏耘階段：

關鍵字是「信任度」。在這個階段，你需要培養客戶對你的信任度，當客戶願意信任你的時候，成交自然不是問題。有很多頂尖的業務員其實沒有太多的話術，有時候他們只是跟客戶分享5分鐘，客戶就願意買單，這並不是因為這5分鐘說了什麼話，而是過去客戶對於業務員的信任度。所以，培養信任度是這階段最重要的工作。

秋收階段：

秋收時節的關鍵字就是：「成交力」。這邊所說的成交力，不只是業務員對客戶說了什麼、用了什麼成交話術，更重要是業務員處理細節的能力。

冬藏階段：

到了冬藏階段，「維繫力」是你必須要學習的能力。如果你懂的維繫跟客戶之間的關係，讓他們願意跟你做朋友，願意跟你捧場，那麼當你需要業績的時候，他們絕對相挺到底，甚至還會轉介紹客戶給你。

有些學員看到農夫的四階段，可能會想：這樣好花功夫喔！有沒有比較快的方法？業務員都想要短時間獲得大量的業績，所以不斷追求更快的方法、更好的方法，但是我要套用九把刀的書名：慢慢來比較快！有時候快速不代表是好事，反而造成巨大的災難；拿開車來說，有些駕駛為了圖一時之快，結果吃上超速罰單，甚至讓自己受傷，不是得不償失嗎？台灣話有一句俗語叫做：「呷緊弄破碗」，就是說這樣的狀況。

另外一個重點是：業務方法沒有特效藥，笨方法就是好方法。在現代社會中，每個人都想要特效藥，但是業務沒有特效藥，聖經上面提到：「那些流淚撒種的，必歡呼收割。」業務也是如此。想要做好業務，你必須要按部就班地做，這樣你的成果才能持續而豐碩！

你可以選擇離開，但沒必要抱怨

在電影《穿著prada的惡魔》當中，主角一直抱怨她的主管米蘭達，雖然不斷抱怨，但卻仍然不肯離開這份工作，直到她離開工作之後，才真正地得到解脫。我看完《穿著 prada 的惡魔》後，發表了一個短文《你可以選擇離開，但沒必要抱怨》，引起很多業務員的回響。

抱怨，是一個很可怕的力量。為什麼？因為代表著你無能為力。當你仔細去深究抱怨的原因，其實只有兩個：一、預期會發生，但沒有發生；二、不希望發生，但卻發生。

舉例來說，當你預期這客戶會成交的時候，對方卻在臨門一腳之際，突然說他要考慮看看，這時候你的心裡會不會OS：「這客戶真難搞。」回家之後就跟朋友、家人說：「這客戶真是○○××，害我花了這麼多功夫」等。這就是抱怨的第一種原因。第二種情況有可能是：今天原本工作都很順利，但是有一些不再預期的突發狀況發生，你也會抱怨。在電影《我的少女時代》當中，林真心被主管要求加班的時候，她也要求組員要加班完成工作，結果組員在超商買東西的時候，私底下抱怨她。這就是第二種的抱怨情況。

但是無論是第一種還是第二種，當你在抱怨的時候，事情也不會有任何改變，對吧！

抱怨競賽

有學員曾經跟我說：「老師！這不對啊。有時候我抱怨完之後，心情就變得更舒服了！」

其實這段話隱含兩個重要的意涵。第一個意涵是：抱怨的好處，就是引起別人的注意，期待對方有所回應。所以我對這位學員說：「是喔！既然抱怨這麼好，那麼你能不能對著行道樹抱怨呢？」學員回答說：「老師，那沒有感覺啊！行道樹沒有回應啊！」這就是重點。一個人抱怨的時候，就是期待別人的回應，所以抱怨的感覺，就是把垃圾倒到別人家，卻不用負責的概念。

「抱怨後心情會好」的第二種意涵就是：抱怨競賽。有些業務人員，包括專櫃人員、門市推銷人員等，有時候會在辦公室或休息區，抱怨彼此遇到的奧客。可能碰到的情況是：

A：吼！你知道我剛剛碰到的客戶，真是他×的混蛋，要買不買的，還到處亂摸。

B：唉呦！你還算好的！我剛剛幫一個客戶化妝，弄了老半天，結果連一個粉餅都不買。

C：噗！你們那算什麼，我剛剛有個客戶要試穿鞋子，結果我一直幫他換鞋子，弄了兩個小時之後，還去客訴我不夠專業！

當他們抱怨彼此客戶的時候，有時候會讓其他人感覺很舒服，為什麼？

因為總是會有一個最慘的人，所以會讓其他人釋懷。我稱這樣的活動叫做：抱怨競賽。透過抱怨競賽，會找到有人比我慘，那我好像也沒那麼難過了；但其實這不是真正的「變好」，只是心理上感覺到容易釋懷而已。

最後要提醒讀者的是：「抱怨」跟「建議」的區別。有很多人會把這兩種概念搞混，有時候自己在抱怨，卻總是認為自己是給建議。甚至有時候我們聽到抱怨的時候，卻以為對方是在作出建議。簡單來說，抱怨跟建議最大的不同就是：

抱怨：情緒的抒發

建議：要給對方做法，有具體的想法和做法。

舉例來說，如果A說：「我的主管根本不會當主管，對部屬要求東、要求西，卻不會給獎勵。」這段話其實是抱怨，但是偽裝好像是建議。真正的建議應該像是：「我認為主管應該要帶人帶心，如果能夠好好地跟部屬聊聊，了解他要求的原因，而且適時地給予鼓勵，這樣會讓辦公室的氣氛更好！」所以當有人下次提出類似建議的抱怨時，你就可以分辨出兩者不同，甚至你可以問問抱怨的人：「那你覺得應該怎麼做才能更好？要不要嘗試提出來呢？」或許對方會楞住，把焦點帶往更好的想法。

不抱怨的世界，給客戶好的能量！

當我們攤開新聞報導，可以發現到有9成是負面新聞，1成是非負面新聞，還不見得是正面；所以我們可以知道，現在的社會被抱怨所充斥、多數人都在抱怨，這樣的社會氛圍會好嗎？當然不會！《不抱怨的世界》這本書就告訴我們，如果我們抱怨的話，就是把情況帶往我們所不想要的世界；如果我們不抱怨的話，那這世界是不是會不一樣？

同樣地，如果你一直抱怨公司、主管、產品，代表你不喜歡這樣的環境，那為什麼還要待著？如果你一直待著，你就是在銷售你所抱怨的公司、你就是在銷售你所抱怨的產品，這樣的你真的有說服客戶的能力嗎？我想客戶還是會感受到你的抱怨能量，所以不想跟你買東西。有時候客戶在同一個專櫃當中，就是要跟A買卻不跟B買，或許「抱怨」就是一個重要因素！

所以，我建議不斷抱怨的人，應該要離開目前的工作！因為「你可以選擇離開，但沒必要抱怨！」但是這樣的方法，其實是「治標不治本」。那些你所抱怨的事情，就算離開了這個職場，抱怨的爛事還是會重複發生，因為這些抱怨都是你的想法作祟。如果不改變想法，就算你在家裡也會抱怨！所以不管你是否離開讓你抱怨的環境，改變自己的抱怨思維才是重點！

那要怎樣不抱怨呢？其實不抱怨需要練習，透過不斷練習，我們可以逐漸遠離抱怨的束縛！這邊提供兩種遠離抱怨的方法：

不抱怨練習1：

練習不要說出來，在心裡面消化。言語會產生力量，當你把抱怨說出來之後，就會在這世界當中產生力量。所以學習讓抱怨在心裡面消化，多看一些正面、美好的事物！

不抱怨練習2：

問自己：「在這件事情當中，我學習到什麼？」這是一種轉念。當你把焦點擺在學習到什麼，想到的內容就是從這件事學習到的好事！

為什麼要提到抱怨與不抱怨呢？這跟業務有關係嗎？當然有關係！我認為業務員有一個重要的價值，就是：跟我聊過的人，都可以帶給他愉快的一天！不管對方有沒有跟你購買，當你給他美好的、愉快的能量時，他就會喜歡你。就算他沒有跟你買東西，或是只買一點東西，但是他喜歡找你、路過也找你，甚至還會幫你帶飲料、小禮物時，代表客戶喜歡跟你在一起。只要你懂得逐步建立信任感，讓喜歡你的客戶不斷增加。這樣，業績還有什麼問題呢？

沒有極限，只有畫地自限

這幾年，有人覺得台灣的大環境不好，對於未來很悲觀。但是，這是真的嗎？在逛百貨公司的時候，偶而還是會看到比較好動的小朋友，偏偏要從向下的手扶梯往上走，然後一直停留在原地；但如果小朋友跑得夠快，還是有機會跑到上一層樓。這一點就讓我想到，如果大環境像是一台向下走的手扶梯，但是你要到樓上去，那該要怎麼上去？秘訣就是：你跑的速度大過於手扶梯的速度，那你就可以上去。

同樣地，經濟環境也是如此。景氣不好，有人賺錢；景氣大好，有人賠

錢。這到底是誰的問題？有人說時也、命也、運也！但我不這麼認為。其實能不能賺到錢，都是自己的問題。環境就是一個客觀存在的事實，你無法改變環境，但是能改變自己的習慣、自己的想法！重點是：你有沒有看到自己的無限可能！

我帶領的訓練中，有一個活動稱為「斷箭」。斷箭活動是如何進行的呢？學員會領一把自己的箭，這是射箭實用的練習箭，箭頭是由鈍邊的金屬包覆；當你領到箭之後，就要把自己想要突破的目標寫在箭上，然後把箭頭放在喉嚨下2～3公分的地方，那是人體最脆弱的地方之一，然後由另一位學員幫你抵住箭尾。等到喊1、2、3的時候，學員就要往前踏一步，讓這支箭能夠折斷。

當箭頭抵在喉嚨下的時候，大多數人會感受到喉嚨有壓力、感受到冰冷的金屬處碰到你身體最柔軟的地方，所以有些人會發抖、冒汗、不敢動，心裡面充滿著不安的感覺，但這時候就是決定的時候！當喊出1、2、3之後，有些人會勇於踏出那一步，讓自己去冒險、去突破，去探索自己的無限可能！但有些人不會，他們會緊張、害怕，不敢往前踏一步，深怕自己受到傷害。

而這些擔心害怕，就是頂尖業務與一般業務的分水嶺！

為什麼有這麼大的差別？

頂尖的業務，會想著「多一步」！在他們眼中，一切都是可能！

平庸的業務，會容易放過自己，這樣就好！或是「我做不到」！

限制，來自於你！突破，也來自於你！

在課堂上的時候，我問學員：「有人參加過路跑嗎？」有些人有、有些人沒有。然後我接著問：「你們有想要放棄的時候嗎？」學員也說有。我就繼續問：「通常在上氣不接下氣的時候，覺得自己筋疲力盡的時候，也是最容易放棄的時候，對吧！」學員說：對！

接著我就問了：「如果當你要放棄的時候，有人在10公尺外給你拿5萬獎金，只要你多跑10公尺，就可以得到這5萬元，你會跑嗎？」學員紛紛說：「當然會啊！5萬元耶！」我笑笑地再問：「那如果跑到20公尺之後，在給你10萬獎金，你會跑嗎？」學員更是激昂地說：「肯定會啊！」於是我就說了：「可是當你產生放棄念頭的時候，不是覺得自己到極限了嗎？」學員紛紛地竊笑。我接著說：「其實，當你給自己限制的時候，其實你是在畫地自限，真正的你，其實可以超越這樣的限制！」

有一些馬拉松的跑者再分享他們跑步的經驗時，他們跑到最後的時候，其實思緒是空的，腦海當中就只有「跑！跑！」、「加油！跑下去！」這樣的聲音，透過這種超越人體極限的狀態，其實那時候體力早已用盡、身體早就筋疲力盡，但是就是那樣的意志力，讓這些跑者完成每一場的馬拉松。

所以我們可以發現到：**真正的限制不是來自於能力、體力與經歷，而是你的意志力！**

第二章

為避免「被拒絕」，
你必須了解的消費心理學

消費行為只是一種感性的錯覺

有些讀者看到標題，一定很好奇：為什麼我要提到消費行為跟消費心理學呢？道理很簡單，那就是：「知己知彼，百戰不殆！」當你要銷售商品給客戶的時候，你是不是要了解客戶的狀態；而瞭解客戶狀態最好的方法，就是瞭解到自己是如何「被銷售」。如果從來都不了解消費者的心理，當你想要銷售商品時，當然不知道該如何做起。

所以，在你學會更有效率的賣出產品以前，我必須先提醒你一件事：你也是消費者。你與你的客戶一樣，都是其它業務人員的銷售目標、都是亂買東西的始作俑者；若你想把東西賣給客戶，必須先學會賣給自己。因此，在學習新技巧前，我認為你有必要先回頭檢視，看看自己怎麼被「賣」的，並從中汲取經驗，未來銷售生涯才能更得心應手。

消費行為是一種感性的錯覺！

我想讀者應該有這樣的經驗：每一次你走進賣場，原本只是想要買個洗衣粉，結果卻買了其他的糖果餅乾；當你走進菜市場時，原本只是要買一支雞腿，沒想到卻買了衣服、鞋子等。明明在出發前的時候，就已經列出了購物清單，但每次採買的東西卻超出預算；明明就告訴自己不要跟著公司同事團購了，但是同事問你要不要買的時候，你卻還是買了。如果這時候我問你：「為什麼要購買？」總會有一些答案：我需要、我想要、很稀有、很可愛、很便宜……，這些理由讓自己感覺到是這些消費行為是出於理性判斷，但事實真的是這樣嗎？

我們來看看兩個例子：

第一個例子是：據說某知名甜甜圈店開幕時，因顧客太多、排隊排得太長，於是公司決定派人在排隊人潮中預做登記，節省選購時的作業時間。但很奇妙的事情是：客戶在輪到自己點餐時，往往又多加點好幾份餐點，結果總銷量比預計的營業額還要多出四成。當詢問這些顧客為何要推翻原先決定？他們竟這樣回答：「都排這麼久了，不多買一點豈不可惜！」

第二個例子是：當你轉到電視購物頻道的時候，你看著主持人誇張的動作，浮誇的聲音，用激情的方法介紹著商品，發現到自己的注意力開始轉移到電視的商品上，聽完他們的解釋之後，突然覺得自己很需要這個商品，這時候聽到主持人說：「商品只剩下20組了，想要購買的客戶請趕快下單！」於是你拿起電話，撥打購物頻道的免付費專線，等到商品來了以後，你興奮地打開了這項產品，三個月後驚覺自己根本很少用到這種產品！

到底是什麼樣的魔力，讓你產生這樣的狀況呢？

事實上，就是你自己感性的消費行為，主導了這一場銷售秀；所有的消費行為，只是一種感性的錯覺。當你想要這項商品的時候，你的大腦開始會說服自己需要這項產品，所以每次同事詢問團購的時候，你會覺得好像不買就是不合群，或者是這項產品很稀有，應該要買來試試看。但是這些理由真的是你「必須」消費的理由嗎？不是！所有的消費行為，都是大腦讓你產生「需要」的錯覺！

讓客戶賣東西給自己！

世界上頂尖的業務員都知道，成交的關鍵不在於你說了什麼、做了什麼，而是客戶願不願意買單；而客戶願意買單的原因，是在於他自己成交了自己！舉例來說，A先生下班之後抽空去逛百貨公司，看到一個很喜歡的名牌皮夾，但其實A先生還有一個好的皮夾能用，理論上應該不會購買這個皮夾；這時候服務人員走過來了，對A先生說：「您好！你想要看看這款皮夾嗎？」

當A先生正要回答她的時候，她就已經把皮夾拿出放到A先生的手上，親切地說：「您看看這個皮夾，質感是不是很舒服！」這時候A先生心想：那又怎樣，反正我是不會買的！接著服務人員不斷對A先生做銷售，但是A先生卻不為所動，直到服務人員說出這句話：「其實我們每天工作這麼辛苦，不就是讓自己過好一點嗎？有時候買好一點的皮夾犒賞自己，當做是自己努力工作的獎賞！」這時候A先生忽然覺得好有道理：對啊！上班這麼努力，不就是為了要讓自己能夠享受好一點的生活品質嗎？這時候A先生決定買了這個皮夾，當做是他辛苦上班的獎勵。

在這個過程當中，服務人員雖然不斷試圖說服A先生，A先生都不為所動，但是說到犒賞自己的時候，A先生就開始自我成交，說服自己要懂得獎勵自己，於是決定買了這個商品。這樣的過程，其實每天都在上演，當你去賣場的時候，你說服自己「需要」這些泡麵；當你進百貨公司的時候，你說服自己有一件灰色的衣服，可以搭配你的外套；當你去超商的時候，你說服自己要健康一點，所以多買了一罐雞精。

透過這些說明，我們可以很清楚地看到：真正成交你的不是別人，就是你自己！所以優秀的業務員知道，他們不是在「銷售」客戶，而是「幫助」客戶自己銷售自己！那麼，到底是什麼動力驅使我們成交自己呢？我們將陸續跟讀者分享。

消費的驅動力：逃離恐懼、追求好處！

我想讀者應該都不否認：我們活在消費的世界當中！走進早餐店時，我們在消費；走進超商時，我們在消費；走進精品店時，我們在消費！在現代的社會當中，我們無視無刻不在消費。但是，我們為什麼要消費？

人們消費的理由只有兩種，第一種就是逃離恐懼；第二種就是追求好處。這兩種就是讓你有消費錯覺的驅動力，每當你做出消費決定的時候，就是這兩種驅動力所驅使的結果。

逃離恐懼：從害怕孤單到生命危險！

當你走進各式各樣的賣場，便開始受到消費驅力主宰：氣氛熱鬧、大排長龍、限時特價等，這種消費驅力不但讓你產生「應該消費」的錯覺，更勾起你害怕孤獨的恐懼。

仔細回想你花錢購物的習慣，就不免發現充滿盲點與迷思。想想辦公室團購吧！你是否曾聽同事稱讚某產品、又告訴你團購超便宜，再加上辦公室大家都訂了，你就跟著買？但事實上你真正有需要嗎？或只因為團購便宜、不買可惜？還是你害怕跟同事不一樣？

第二種型態的恐懼，就是擔心失去生命。有些人購買不是為了需要，而是為了安全感。保健食品業者、藥廠最懂得這樣的方法，還記得這些業者怎麼告訴你嗎？為了不要得到癌症、為了不要老人痴呆、為了要讓自己青春永駐，你必須要讓購買他們的產品，不然就有生命或身體上的傷害！為了避免最糟的情況發生，所以我們買了這些產品。

恐懼，容易驅使人們做出「非理性」的消費行為，越大的恐懼就會有越大的消費！而第三種恐懼，就是人們害怕沒有錢！因為害怕沒有錢，所以消費者購買年金保險；因為害怕失去金錢，所以很多人被詐騙集團所欺騙，認為自己的財產將會被政府沒收，卻因此中了壞蛋的陷阱。

在業務上該如何運用這樣的驅動力呢？其實這概念不難，就是：你的商品可以填補哪些恐懼？團購可以填補「不合群」的恐懼、藥物可以填補「不健康」的恐懼、產物保險可以填補「失去金錢」的恐懼。

追求好處：從免費到讓自己快樂！

在客戶的各式消費錯覺中，「免費」當是關鍵角色之一。

生活中隨處可見免費刊物、洗髮精、保養品等，這些商品提供許多試用包、試吃、等活動，不斷地在路邊、大賣場及捷運站發放，好聽一點叫做免費贈送，但實際上就是一種無聲推銷。你走進賣場的時候，見到一位服務員正解說澳洲進口牛肉的好處，你也許不大有興趣；但若讓你免費試吃一口澳洲牛排，你卻多半不會拒絕，而且在吃完以後，還會有「買一份回家試試」的衝動。

免費的力量，便是讓你在先得到好處後，買單的機會大增，就算當下沒買，日後也很可能會捧場。這類行為出自人性的補償心理，因為不喜歡虧欠的感覺，所以只要有機會，即使吃點虧也願意彌補對方。選舉買票會成功，就是因為我們知道手中選票不會被一千元收買，但只要拿過錢，我們就會因補償作用，不自覺讓自己被賄賂。

拿人手軟的銷售技術，生活中隨處可見。有許多的雜誌提供實體或線上免費試閱，覺得喜歡之後才繼續訂購；有限電視業者免費接線，讓你在試看半年後捨不得退；手機遊戲業者提供免費下載，等你用覺得愛不釋手的時候，就用寶物、高級用品等吸引你消費。免錢洗髮精或化妝品就更不用講，除非真的很難用，否則只要你拿過一次，就幾乎被點中花錢死穴，日後八成還是會購買。這些免費的方法，就是拿人好處的消費化學作用。而這些策略能奏效，卻是因為我們的人性作繭自縛所造成。

另外一種追求好處的型態，就是快樂、特別與專屬。也就是你在消費的時候，所追求的是心理愉悅、尊榮或特殊待遇的感受。以快樂來說，有時候我們消費，其實不是真的要消費，而是追求心理的愉悅；也就是說，透過消費行為可以感受到愉快、尊榮等心理狀態。

有一種稱為炫耀性的消費，有些人薪水不高，但是喜好買高單價的精品，以顯示自己的身分地位，對他來說，這些精品消費並不是必需品，但是對他來說，當他消費這些精品的時候，可以凸顯自己的地位、價值，來達成自己快樂、虛榮的感覺。

至於現在當紅的會員制行銷法，也是這類型的消費行為。就像是知名網路書城，原先的會員規劃只有黃金會員跟一般會員，後來重新調整會員制度，把會員分為一般會員、黃金會員、白金會員跟鑽石會員。一般會員就是你加入這個網路書城，卻沒有任何消費，黃金會員就是你在這個書城有過消費記錄，白金會員就是消費超過5次且每年消費金額達到5000元，鑽石會員就是消費超過10次，而且每年消費金額超過1萬元。

透過這樣的會員制度，這家公司把優質客戶跟其他客戶分類，給予不同的優惠，形塑出尊榮的感覺，但事實並非如此。真相是：如果一名客戶特別鍾愛加入某種社群，那麼他在社群中的消費便會順理成章，會員常會收到專屬優惠，其實並非一種尊榮，只不過他們的消費概率遠高於一般人而已。

透過解構這些消費行為，我們可以驚覺到無數的消費心理充斥在我們四周，控制著我們的消費習慣，引導人們進行購買。身為業務人員的我們，一定要比消費者更善於覺知洞察，因為當你能夠洞察這些消費行為背後的原理，你就懂得人性的運作。畢竟銷售成功來自於對人性的了解；事實上，它更奠基於人性！

讓客戶感覺像賺到，你就賺到了！

在探討「如何讓客戶感覺賺到」的議題之前，先來探討一件事情：你在什麼時候最願意花錢？

是特定節日嗎？因為根據統計發現，在特殊節日的前後，像情人節、中秋節、母親節與辦年貨等，某些廠商的業績都會大幅成長，比平常好上個三四成。但是這些真的是一般人「願意」花錢的時候嗎？我認為不是！我認為這些節日只是傳統上「不得不花」的開銷，不見得是心甘情願的開銷。

那到底是什麼時候，會讓人最願意花錢呢？我認為答案應該是：人有錢

的時候。聽到這樣的答案，你或許會說：「老師，這不是廢話嗎？人有錢當然願意花錢啊！」等等！我還沒有說完啊！答案是：「人們有錢的時候，特別是自以為有錢的時候！」

「自以為有錢？」那是什麼？

我想請讀者想想：你最容易、最願意花錢的時候，是在什麼時候？是不是剛領完薪水，這時候是人們最願意花錢的時候？因為這時候是人們清楚知道自己有錢，所以花錢起來絕對不手軟；直到月底的時候，該花的錢都花光了，只剩下過生活的費用時，就會開始省吃儉用。同樣的到底適用中樂透、拿到大筆的獎金時候，那時候就是人們最願意花錢的時候，這就是為什麼到了領年終獎金時，就是廠商推出促銷方式的時候，因為他們知道，這時候你最願意花錢！

舉一個最簡單的例子來說明。你一直對於一款300萬的奧迪跑車有興趣，雖然你的存款也有300萬，但這300萬就是你的備用金，是絕對不能動用。但如果你中了1000萬發票，我想你一定馬上到奧迪的展示中心，馬上下定這款300萬的跑車。為什麼？因為當你中獎的時候，那時候就是你大腦認知中有錢的時刻，也就是你自以為有錢的時候！

但是，最可怕的並不是這個時候！真正厲害的行銷專家，是「讓你在沒錢時還自以為有錢，而且花的很開心！」這個秘訣就是：讓你感覺賺到！

讓客戶感覺賺到？！

我先問讀者一個問題：「如果你買東西的時候，就知道自己會吃虧，那你還會購買嗎？」我想大家應該都不會吧！所以，購買東西的時候，就是要讓客戶感覺「賺到」或是「有好處」，這樣才會讓客戶願意買單！這樣的概念應該不難明白，但是在實務上是怎麼運作呢？

第一種方法就是「試用」。

現在許多商品銷售時，常標榜「不用立即付款」、「試用滿意再付款」、「分期付款」以減緩客戶的花錢痛苦，達到銷售目的。這類把戲充斥在我們四周，不但讓你渾然不覺，還認為理所當然。

我曾見過一台跑步機標榜：「試用七天，滿意再付款」。對消費者來說，付款前七天免費賺到，因為半毛錢也沒花就能使用。但真是如此嗎？還是其實你早已形同下了購買決定，這招只不過讓你「好像有賺到」而已？若改成預先付款，七天不滿意可退貨，你的感覺又如何？是不是願意成交的機會就下降？

第二種方法就是「無痛付款」。

百貨公司跟連鎖店便將這套玩到極致。他們拼命的發行禮券與餐券，先讓你用折扣購買，當你使用時感覺方便、有賺到，便會不知不覺花更多。信用卡也有同樣狀況，讓人在刷卡時感覺沒付錢，便不可遏止的越刷越多；便利商店的儲值卡、咖啡店的隨行卡，通通是一樣的意思！你以為那是商家給的便利，卻沒想到，那是你花錢的元兇。

仔細觀察這一套方法，你就會發現消費者（包括你跟我）一直被「框住」：當你沒有馬上掏腰包，你就感覺不到自己正在花錢！而這套方法的原理到底是什麼呢？其實，關鍵在於一般人對於「錢」與「錢可以買到的東西」潛意識截然不同。

在美國專研究消費心理學的丹．艾瑞利博士（Dr. Dan Ariely）博士，曾經做了一個簡單的實驗，來觀察人們的消費行為。首先，他花十美元買了幾瓶可樂，跟十美元的鈔票共同放在大學宿舍的冰箱。幾天後，丹．艾瑞利博士打開冰箱後發現：可樂被拿光，但是卻沒有人把鈔票拿走。丹．艾瑞利博士認為：因為鈔票代表著金錢，拿走別人的錢是偷竊的行為；但是拿走可樂，似乎並沒有那麼嚴重。所以，如果要你拿現金出來，你會覺得很猶豫；但是用信用卡、儲值卡等，就好像是順理成章，這就是無痛付款。

第三種讓客戶覺得賺到的方法，就是「創造長期價值」。

雖然業者招式眾多，但消費者同樣很聰明，同樣的策略，操作幾次便會被看穿手腳。事實上，我們在考慮購買商品時，除了計算當下價值是否划算外，經常連未來的效益一同考量進去。你是否聽過有人說：「既然要買，就買好一點的，以後可以用比較久？」除非是標榜低價、用完就丟的商品，否則一旦缺乏長期價值，就很容易讓客戶感覺不划算而拒買。

舉一個我親身的例子。數年前因為工作繁忙，所以常找按摩師父服務，一個禮拜總要去個兩次。有一回逛大賣場見到按摩椅專賣，便開口問了兩句。誰知聊了幾句後店員小姐便堅決建議我購買，而她的理由非常充份：買一張按摩椅，比我近幾個月的按摩花費更便宜！

為什麼？她說：「這張按摩椅雖然要十五萬，但用平均壽命八年來看，每天只要五十塊錢！你現在按摩頂多每周兩天，每次都要花費近千元，加上來回油錢與時間，實在不划算！我們的按摩椅跟師父按的一樣精準，你把它帶回家就像請師父在家，每天才多少錢就可以免費按到飽！而且還可以二十四期無息付款，第一次款在一個月後，付錢前你就已經免費按三十次了！真是完全賺到！」

這套說法聽起來很吸引人，讓人覺得不買都對不起自己！

這樣的銷售策略有一項重大秘訣：對業務員來說，商品價值要放大，價格則要拆小。假設你賣保險，講每年保費幾萬聽起來就貴，但只要換成「每天幾十錢，就有一輩子保障」，聽起來就划算的很。

透過這三種方法，你應該更了解銷售要避開直接現金交易，並盡量將價格數字「拆」到最低。透過讓消費者感覺到賺到，你就能賺到你要的收入！

耍大牌耍出高業績

「什麼！耍大牌也可以耍出高業績？」看到這樣的標題，你可能會覺得：「咦？耍大牌不是會讓人討厭嗎？怎麼可能還有高業績？」在說明之前，我們先來看看一些例子：

- 知名診所名氣越大、病人越多，需要等待的時間越長，病人就越相信這位醫師。
- 越難約時間的律師，上門的客戶越多。

・知名的餐飲店人氣越高，排隊的人越多，排隊的人越多，生意就越好。

・外國來的學者來演講，總是座無需席；但是國內的學者演講的時候卻剛好相反。

為什麼越大牌的診所、律師、餐廳、藝人或學者，會擁有更多的客戶呢？這樣的原因有兩個：

一、距離產生美感。

二、物以稀為貴。

遠距離的朦朧美，讓你目眩神馳

網路購物已經是很多人購買衣服的重要管道，有時候想要買衣服的時候，就到網路商城上逛逛，有時候你根本就不知道衣服是什麼品牌，但是看到衣服穿在帥氣美麗的模特兒身上，就會自動產生一種錯覺：自己穿上這些衣服一定是容姿英發或美艷動人；特別是外國的模特兒，這樣的錯覺越深刻。於是就毫不猶豫地拿出信用卡刷下去！

滿心期待的衣服送到家後，當然馬上就拿起來試穿，但是在鏡子前面左看右看，雖然很喜歡這些衣服，絲總是覺得有點不同，心想：怎麼跟網站上的好像不一樣？怎麼沒有像模特兒一樣地帥氣或美麗呢？

這個的例子就是在告訴我們，人們在消費的時候，往往會因為遠距離的關係，產生了朦朧的美感，而消費者總是因為充滿距離的美感而草草做出決策。這也是為什麼你看到的廣告，如果不是明星，就是沒見過的外國人。若你常看電視購物頻道，也一定會發現見證商品的人，通常都是請來不知名的外國人，讓他們為客戶創造距離感，而這種距離感，往往也是讓銷售量暴增的原因。

距離之所以產生美感，是因為人天生對遠距的事物有憧憬，所以才會說「得不到的最美」或「別人碗裡的飯特別香」。同樣的道理放到銷售上，便能衍生許多經營客戶的秘訣。市面上某些保養品也用這招，它告訴你遠從國外進口，取深海精華製造，只要距離夠遠，都能為你創造購買價值。這些創造距離感的行銷方式已蔚為主流，從公開行銷到個人銷售，都理應充份運用，因為，消費者正處在這樣的世界。

物以稀為貴，限量的感覺讓人更容易做決定！

我常告訴業務人員，當客戶打電話給你時，就算你明明很閒，也應該刻意把電話轉給助理，或答應一小時後回撥。這類近似耍大牌的行為，除了是要刻意塑造距離感之外，也要讓客戶知道：你很忙！

為什麼需要讓客戶認為你很忙？這樣會提升他們考慮的速度。因為你並沒太多時間等他們回應。這就像某些專業人士總是收取高額的諮詢費用，不僅是因為行情，更是充份運用人性心理，因為你當你知道對方的時間寶貴，你便會不由自主的逼迫自己立刻下決定。

業務員要提升自我價值，就必須先定位自己是一名 Top Sales，問問自己若處在這樣的高度，會採用何種銷售與經營方式。最優秀的業務員總是完整規劃自己的時間，讓自己行程滿檔，使客戶不易直接找到，然而，卻又能在客戶最需要的時候，親自出面提供最貼心的關懷。

當然，除了耍大牌的技巧，我還是要提醒你身段必須柔軟，畢竟那才是做生意的本質。而且我建議你每當獲獎或業績飆高，別忘了傳封簡訊給客戶，一方面感謝他，一方面也讓他知道你的成就，並以選擇你的服務為榮！

幫客戶找個非買不可的理由

理由，其實就是你做決定的動機，就算動機再怎麼荒謬，只要能夠說服自己，你就會自動去執行。在《透視影響力》這本書中提到，社會心理學家蘭格（Ellen Langer）跟他的研究團隊曾經做過一個這樣的實驗，設計三種不同的情況：

・第一種情況：蘭格的研究團隊在圖書館當中，拜託正在排隊使用影印機的人，告訴他們：「對不起，我只要印五頁，可以讓我先印嗎？因

為我正在趕時間！」結果有94％的人聽到這種請求，都願意讓他們先影印。

- 第二種情況：拜託正在排隊使用影印機的人，告訴他們：「對不起，我要印五頁，可以讓我先印嗎？」在這樣的情況下，只有60％的人願意讓他們先影印。
- 第三種情況：拜託正在排隊使用影印機的人，告訴他們：「對不起，我要印五頁，可以讓我先印嗎？因為我必須要影印。」這種荒謬的理由，會有多少人願意讓研究團隊先影印呢？結果是有93％的人願意讓他們先影印。

為什麼會有這樣的結果呢？因為我們大腦運作的方式，其實就像實驗所揭露的一樣，就是：人都需要一個理由讓自己被說服。無論是好理由或爛理由，只要能夠找出理由，你便有機會說服別人。這並不是什麼神奇的魔法，而是大腦運作的方式，因為人的邏輯總是習慣接到指令後，先問「理由是什麼」，再去進一步思索「理由合不合理」。事實上，理由絕對必要，但合理性卻經常被忽略。

這樣的案例其實在生活當中屢見不鮮，有時候小孩跟父母吵著要玩具的時候，通常爸媽都不會同意，但如果小孩跟爸媽說：「我想要那個玩具，因為我很喜歡。」這時候爸媽同意的機會就增加。小時候我們跟爸媽要零用錢的時候，如果只是說：「我要 100 元。」那肯定是吃閉門羹了！但如果用另外一種方法說：「我要 100 元，因為我要去買文具。」這時候爸媽通常都會把錢掏出來。

銷售上其實也一樣，當你給客戶一個購買理由時，哪怕只是個爛理由，都已為銷售成交鋪下道路。因此，你應該不斷替客戶找動機、找理由，讓他感覺內心得到了交代。即使是一個很爛的理由，也會比完全沒理由更好，因為，客戶有可能因爛理由而消費，卻不會無緣無故購買。

那要怎樣幫客戶找購買理由呢？這其實很簡單，只要你用「消費者」的角度來問自己，為什麼我會買這項產品？然後去想出許多的原因。舉例來說，當你要銷售自動吸塵器給客戶的時候，通常會有哪些理由呢？像是：方便、清潔得很乾淨、不需要彎腰、有時間做其他事情、時尚、先進、有科技感等，只要有一點能夠說服客戶，哪怕只是「自動機器人很酷」這種爛理由，也都有可能讓客戶買單。

結論就是：有時候客戶不是不願意購買，而是你沒有給他一個購買理由；當你給他一個非買不可的理由時，消費就是理所當然的事！

被客戶用爛理由反將一軍？！

既然我們會告訴客戶消費理由，那客戶有沒有可能給你「拒絕」的理由呢？當然會！「客戶不知在考慮什麼，怎麼辦？」是最多業務員問過我的狀況之一，因為當客戶決定不買時，經常隨便找個爛理由來敷衍業務員，像是：我家的神明不同意、我要回家問小孩、要問老婆等，其實都是客戶拒絕你的理由。

很多人拿爛理由束手無策，因為你無法吐槽或逼迫客戶，最後只好眼睜睜看著業績離開。但我要告訴你，千萬不要一味地接受客戶的理由；而是應該主動出擊，把客戶拒絕的爛理由變成你成交的機會。如果業務員碰到這樣的情況時，應該要怎樣處理呢？

首先，我們要了解：客戶不喜歡告訴你不買的真正原因，是因為他怕你一解決問題，他就非買不可；所以你一定要加強引導他們，在非理性的狀態下把問題說出來。讓我給你一套破解爛理由的說話策略吧！

當你感覺成交機會已經出現，卻聽到客戶用什麼「要問老婆」、「再考慮」之類的理由來對付你時，你就要採取以下策略：

「先生，你說的我都完全了解。那讓我請教一下，假設你現在的想法是一到十，一代表完全不想買，十代表立刻就下決定了，那你大概在多少呢？」

如果是一到六，那你應該重新跑一次銷售步驟，直到客戶進入考慮、猶豫並給出爛理由的階段，而不應該在這繼續下去。一般在此時，客戶多半會給七或八的答案，而這就是我們要的，繼續問下去：「那其實你已經有想法了！假設，現在有一件事我做了以後，可以讓你從七變到十，那會是什麼？」

這時客戶多半會透露出他真正的顧慮。那萬一還是爛理由呢？非常好，因為會在此時出現爛理由，就代表你可以繼續處理下去。假設客戶要問老婆，你就應該馬上開車載他一起去；若客戶說沒錢，這時候你可以運用之前提到的「讓客戶感覺賺到」的策略，想辦法幫客戶把錢找出來。透過一層層話術的引導，客戶已經進入對你說實話的階段，這時候離成交就不遠了。

讓客戶感覺想要而不是需要

客戶之所以會消費，其實不外乎兩個原因：「需要」跟「想要」。「需要」就是這樣商品可以滿足我的基本需求，像是：吃飯、衣服、居住等，如果不吃飯就會餓，不穿衣服就會冷，這些就是「需要」。「想要」就不一樣了，你所想要的東西，不見得會影響你的生活，像是：手機、電視等。沒有手機，你一樣可以活下去；沒有電視，你一樣可以活下去，這些就是想要。

在過去以「需要」為主的消費時代，買東西通常是愈便宜愈好，如果花費四十元就能飽餐一頓，何必花八十元呢？但現在的消費者已經進入了「想要」的階段，除了花錢吃飽以外，很多人可能還會考慮這頓飯是否仍有其他的附加價值？

同樣花錢購買一個飯盒，多數消費者考慮的已經不只是解決「食」的問題，而會在乎飯盒帶來的感受，於是懷舊的鐵路便當興起了，因為消費者樂於在飯盒中多感受到一份「懷舊」的感覺，這就是一種附加價值。雖然懷舊版的飯盒比普通飯盒貴了一倍有餘，但願意掏腰包的仍然大有人在。像現今具有健康概念的食物也是如此，只要註明食物天然原味，標上卡路里和營養成分，產生一個有機的概念，對於消費者而言就是「輕盈健康」的附加價值，即使價格貴得驚人，銷路一樣非常好。

從M型社會的角度來看，在M型的兩端裡，一端是「需要」的市場，一端是「想要」的市場。「需要」的市場其實就是尋求問題的解決，往往只有最低限度的需求，例如食物只要求足夠，衣服只要求蔽體，住處也只要能遮風擋雨就好，這是M型中相對比較貧窮的一端。M型的另一端，不但重視問題的解決，而且還重視愉快的感受，他們更在乎產品的附加價值，以及在消費過程中是否感到愉快，甚至是感動。

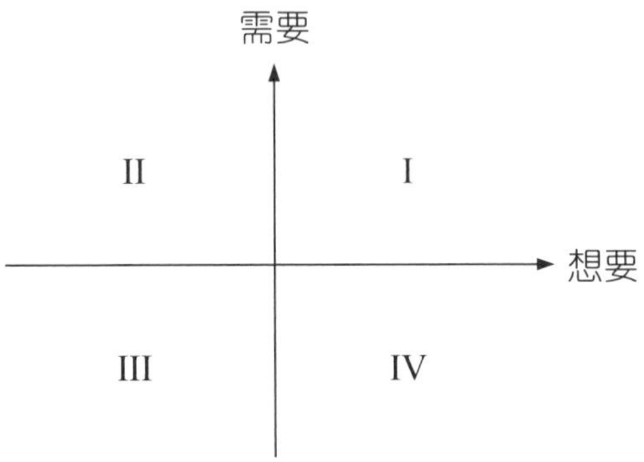

如果把「想要」跟「需要」交叉分類，可以將客戶的狀態區分為四種，分別是：

I：想要、需要。

II：不想要、需要。

III：不需要、不想要。

IV：不需要、想要。

在I象限當中，客戶想要且需要，那麼成交的機會不但很高，而且成交速度也會很快，因為在這個狀態下，同時滿足了客戶消費的兩大原因。在II象限當中，客戶不想要，但是卻需要，在這個狀態下客戶追求的就是便宜，因為他所想的就是滿足需求而已。如果是在III的狀態下，那麼客戶根本沒有購買的意願，遑論成交。至於第IV種狀況就很有趣，客戶很想要、卻又沒有需要的時候，就是他最為難的時候，這樣的狀況就需要業務員推一把，告訴客戶為什麼需要這個服務或產品，把第IV種狀態提升為第I種狀態，那麼成交就更加容易！

透過這樣的架構，就可以解釋為什麼價格相同的食材，經過適當的包裝後，市場潛力立刻三級跳？關鍵就在於我們正身處在一個全新型態的消費時代，消費者已經愈來愈難滿足自己，所以在具備經濟能力以後，他們就不斷朝著「自己想要」的產品邁進。

手機是另一項非常具有指標性的商品。過去我們把手機稱做「行動電話」，因為它的功能就是可以隨時隨地撥打，但那時候行動電話仍不普及，所有的通訊還是依賴室內電話，這時候手機對於客戶來說是想要，但不見得需要，所以要說服客戶買手機，是非常不容易的事情。但時至今日，手機已經是每個人都必備的商品，也就是大部分的人都「需要」的產品，這時候客戶會開始考慮手機的「附加價值」，包括照相、藍芽傳輸、播放MP3、遊戲等等，如果這些附加功能是客戶想要的部份，那麼購買的機會就非常高。

在過去「需要」的消費心態裡，消費者只需要購買一項能夠解決問題的商品；在現在「全感官的消費時代」中，我們不只要滿足消費者的「需要」，而且還必須幫他們創造出更多的「想要」，如果你能把客戶的「需要」跟「想要」結合在一起，那麼成交就是必然的結果！

創造銷售氛圍才是王道！

銷售，其實不只是買賣商品，更重要是買賣商品所創造的氛圍。國外有一個頂尖的業務員曾經說過：「如果你想勾起對方吃牛排的欲望，將牛排放在他面前，固然是個好方法。但最讓人無法抗拒的是煎牛排的『吱吱』聲，他會想到牛排正躺在黑色的鐵板上，吱吱作響，渾身冒油，香味四溢，不由得咽下口水。」銷售，也就是這麼一回事。

如果你有興趣的話，可以轉到電視購物頻道看看，特別是他們在銷售食物的方法，那真的是非常厲害。有一次，我看到電視購物專家在賣牛排，他

一邊說著牛排的產地，然後把一大塊的牛排放到平底鍋上煎，然後電視傳來吱吱作響的聲音，搭配上主持人說著：「歐！好香喔！」等到牛排煎好了以後，看到主持人一口口地吃著，然後還大喊：「這好好吃喔！」這時候會不會勾起了購買的興趣？這樣的機率非常高！

除了銷售之外，公益團體也懂得善用這樣的方法。事實上，有許多公益團體也有業績壓力，一般的銷售人員把產品推銷給客戶，讓客戶付帳；公益團體的員工則是推銷公益的觀念，希望能夠募得捐款，去支援更多需要幫助的人。

以我的觀察，慈濟就是非常擅長氛圍式行銷的募款單位。大多數的募款單位往往希望百姓出錢幫忙蓋醫院、養老院，但慈濟一開始就告訴你，你捐的五百元是醫院的一個磚塊，你捐的一萬元是醫院的一張病床。也就是說，當你把錢捐出的時候，你的感覺不像是在捐錢，而是對醫院的建設有實質貢獻。

再舉個例子，比如說在九二一大地震時，來自國外的安泰人壽，以及台灣本土的國泰人壽，同樣都為受災戶出錢出力，但得到的評價卻有相當大的落差。安泰人壽出資撫養在九二一地震後成為孤兒的孩童，提供他們大學畢業前所有的開銷，贏得中外媒體一致讚揚。至於國泰人壽呢？默默捐了幾千萬元，雖然從社會公益的角度看，他們都非常值得敬佩，但兩間公司所創造的氛圍卻是截然不同的。沒有人詳細計算、比較過兩間公司的捐款，不過國泰人壽捐出來的錢，可能與安泰人壽不相上下，但問題是：普羅大眾對捐款數字往往沒感覺，反倒是安泰人壽照顧孤兒的行為，不但感動很多人，也間接提升了企業形象，同時也讓安泰人壽從末段班竄升為知名的壽險公司。

回到氛圍式銷售的概念，也就是左右腦之間的關係。捐款金額無論再多，對於一般人而言，永遠都只打中左腦，無法引起情緒上的感覺。所以，我一直強調做銷售時，一定要把目標放在消費者的右腦，因為人的右腦是感性的、容易感動的，而且容易印象深刻。最重要的是，它也是消費者做出購買決定的必經之途。

花大錢買對感受，好過省錢占小便宜

我常告訴從事業務工作的學員，顧客在購買保險的時候，他在乎的並不是萬一遇到意外狀況，到底可以拿到多少理賠金額，而是「生活可以得到多少改善」。若購買的是養老型商品，他在乎的也不是退休後能拿到多少錢，而是這筆錢「可以讓他過著什麼樣的退休生活」。

我們常在房地產銷售的廣告上，見到男、女主人幸福的表情，以及小孩在千坪綠地上遊玩的樣子。為什麼他們不採用許多行業那種跳樓大拍賣的廣告設計？大家不是都喜歡省錢嗎？

因為，真正想購買房子的顧客，他會更在乎居住在一個地方的感受，以及環境適不適合小孩子成長，而不是對價錢斤斤計較，只想多省一點錢。現今的房地產銷售都是採用氛圍式的行銷，也就是抓對了時代演進所帶來的需求。

男女大不同的消費心理學

常常會有學員問我：「如果碰到男女一起來的時候，我應該要如何做好銷售呢？」這真的一個非常好的問題。男女在天性上就不一樣，所以在銷售的時候也是大不同，所以在回答這個問題之前，我們先來探討一下男性跟女性的消費心理有什麼不一樣。

一般來說，男性偏向單一思考，他只想要了解他所關心的問題，然後解決這個問題，所以比較重視物品的功能；而且男性對於新事務、新商品都會比較有興趣，他們通常會單獨行動，在對男性介紹商品的時候應該要簡潔扼

要。假設你是一個銷售手機的服務人員，這時候有一位男性走進來了，他想要換一台新手機，請你介紹一下手機，這時候你要怎樣去介紹呢？你可以問他：「請問你手機的用途是什麼？工作、聯絡還是遊戲？需要哪些功能？」等到他回答相關的問題後，你就要用最簡單的方法跟他說明，為什麼你推薦這款手機，他可以幫助他解決哪些問題，然後就會進到成交階段。

但是女性就不一樣了，女性是多面相思考，她對於人的興趣比商品還要高，而且對於小細節很重視，所以銷售她們的時候，一定要跟他們培養好關係，同時必須要注意的事情，就是女性幾乎都是群體行動，就連購物也不例外，所以不只是要跟購買的客戶建立關係，連他的朋友也要建立關係。如果是女性買手機的時候，她們重視的不只是功能，還包括外觀是不是好看，有沒有售後服務，是不是有好看的手機配件，是不是喜歡的顏色等；如果客戶有帶朋友的時候，在解說的時候一定不能把他們晾在一旁，一樣把他們當做客戶，說不定還會幫你成交呢！

男女銷售特性：

男性	女性
單一思考	多面相思考
對新事務、新物品感興趣	對人感興趣
解決問題	關心細節
重視功能	建立關係
單獨行動	群體行動
追求簡單、單純	追求完美

我曾經聽一個學員說過，她們是高檔貴婦級服飾品牌的專櫃，有很多貴婦買完東西沒帶回家，久久才帶回家，所以都放在專櫃的倉庫，有些人寄放很久，甚至都忘記了，這是為什麼？因為這些貴婦是喜歡跟專櫃人員在一起的感覺，只要這個人跟他們很好，就會願意購買商品。

之前我的業務工作跟保險業有關係，是在銷售保險相關的產品。那時候我專門經營國泰人壽的社群，其中有個客戶在花蓮，跟我的關係非常好、非常支持我，可以說是我的其中一位大客戶。有一次公司競賽年終卡片，我就打電話給她：「大姐！你有在用卡片寫給客戶嗎？」對方說：「偶爾。」我就對她說：「我們公司現在有競賽活動，妳可以支持我嗎？」結果對方二話不說就下訂單了，讓我成為競賽的第一名。

一年後，我離開了那份業務工作，而這個客戶也就讓後來的業務接手。因為客戶之前曾經跟我買了一箱的卡片，所以聽說接手的業務員認為今年應該也會買，所以打過去的時候跟對方說：「原本的業務已經離職，現在由我幫您服務，請問今年您要訂多少卡片？」沒想到這位客戶直接對他說：「我沒有在寫卡片，我去年訂的還有一箱在那邊耶！」然後就把電話掛了。為什麼沒有寫卡片的客戶會跟我捧場買卡片，卻不願意支持後來的業務呢？原因就出在「建立關係」，當女性跟你建立關係之後，她會為了支持你、喜歡你而消費；但後來的業務還沒有建立關係之前，就急著要賣東西，當然會被打槍！

那如果是男女一起來時，應該要怎麼做？很簡單，那就是要兼顧男女雙方，兩方面的重點都要提到。我以買電視來說，如果你是銷售人員，對於男性客戶要說的重點是：電視功能很棒，音質很不錯，而且畫面不會出現殘影等功能性的部份；但是對於女性的部份，就要強調買了這台電視，可以跟閨密一起看電影，喝著下午茶，享受輕鬆的氛圍等，她們重視的就是關係跟感覺，所以想辦法讓她們喜歡你，成交就不難了！

要附帶一提的是：這邊的男女並不完全用生理性別來界定，我們談的是消費心理，所以男女是用心理狀態來區份。有些男性他的心理狀態比較偏向女性，所以會用女性的思維來看待事物，如果你還是用男性的方法來銷售他，那可能會適得其反；相反地，有些女性也是如此，她們的思維模式比較偏向男性，這時候你就得用男性的方式跟她溝通。

不同世代的消費差異

在消費心理學當中，消費差異最大的除了男女之外，再來就是世代的不同。不同的世代有不同的金錢觀、不同的價值觀，當然也有不同的消費習慣。舉例來說，老一輩的人認為金錢很重要，所以要儲蓄；但是年輕人認為體驗很重要，所以賺錢就是要拿來消費。這兩者並沒有對錯的問題，重點是你是不是能夠包容對方的想法。

不同的世代，不同的思維模式！

關於世代的區分，我大致分為兩個大區塊：X世代跟Y世代，雖然也有人認為應該要加上E世代，也就是電腦世代。但是E世代跟Y世代的重疊性很高，所以我們就先放在一起討論。

X世代：戰後嬰兒潮、四五六年級生

Y世代：台灣稱為七年級生，大陸稱為八零後。

X世代出生在戰後，這時候物資相對比較貧乏，所以這個世代的人追求生存動力很高，所以他們努力工作、過好生活，他們有多少能力做多少消費，主要是為了收入而工作。也因為這樣的價值觀，這個世代的人會比較重視價格，他們可以為了省70元而等上30分鐘的公車，也不願意多花70元去搭計程車。

X世代與Y世代的比較表：

	X世代	Y世代
工作型態	努力工作，過好生活	過好生活才工作
消費態度	有多少能力做多少消費	有多少錢就消費多少
工作觀念	為收入而工作	為價值而工作
金錢觀	對金錢感很強，重視價格	對金錢感弱，價值是關鍵
看重什麼？	錢很重要	夢想、熱血、潮
連結	實體連結	虛擬連結
對事物的態度	相對保守	相對新潮、開放
	重分析	重感覺
對物品的看法	實用	時尚
	用得久	換的快

X世代的人認為，買東西就是要實用、用得久，最好是可以當面購買，

當場交貨、童叟無欺，對於在網路上消費接受度相對低，有個故事最能形容X世代的人。據說在國外有一對老夫妻，他們從年輕結婚到現在，都還維持婚姻關係，有記者問他們維持婚姻的秘訣，他們回答說：「在我們的時代，認為東西壞了就是要修；但是在年輕世代，認為東西壞了就丟！」

Y世代又具有哪些特性呢？因為Y世代生長在較為富裕的環境，認為要先過好生活才工作，所以在工作的選擇上，對於工作價值遠比工作薪水重要；同樣地，在金錢觀上也有所不同，這個世代的人重視金錢能帶來的價值，而非價格，所以他們消費的時候，注重的是產品所能帶來的價值。

舉例來說，我的學員當中有一些是七年級生、八年級生，有一次他們去參加打工換宿的活動，他去幫茶農打工，然後住在大通舖當中，就這樣過了兩天。回來以後，我跟這個學員聊天，就聊起了打工換宿這件事情。我就問他：「這樣打工換宿能夠賺的錢應該不多吧！」沒想到他跟我說：「沒有啊！我們還要付 2700 元喔！」我當時心想：天啊！太誇張了！兩天去幫人家工作，還要付農家錢，這樣對嗎？但這位學員卻抱持不同的想法，認為這是一件非常有意義的事情，花錢去做真的非常值得。

我想，這就是世代差異吧！

只要有彈性，差異永遠不是問題

剛剛提到很多的世代差異，但是我們有辦法跨越這樣的世代差異嗎？難道X世代的人就只能賣東西給X世代的人嗎？Y世代只能賣東西給Y世代的人嗎？當然不是！

有一次我帶了星巴克的主管訓練，發現到他們的平均年齡並不高，幾乎都是Y世代的人，但是也有些是X世代。當我談到世代差異的時候，我告訴他們：「差異是一定會出現的。但只要有彈性，差異永遠都不是問題！」

什麼是彈性？彈性就是能夠去欣賞每個人的不同、包容每一個人的想法、看到每一個人的優點，X世代有X世代值得欣賞的優點，像是穩重、沉著、擅於儲蓄等，而Y世代也有Y世代的優點，像是：創新、為價值工作、敢於投入等。當彼此都能看見對方的優點，不去挑剔對方的缺點，當然就能創造出不同的火花。

有一個業務團隊，主管屬於X世代的人，但是他的部屬幾乎都是Y世代的人年輕人，Y世代的年輕人透過網路找到了客戶，但是卻總是沒辦法談好案子，這時候X世代的主管就扮演了互補的角色，由主管出面幫忙部屬談案子，最後也順利地成交了。這就是透過不同世代的結合，所創造出來的火花。

最後，還是要討論一下這兩個世代的銷售方式。對於X世代而言，他們對於「價格性」的語言接受度比較高，也就是說X世代的人對於「折扣」、「便宜」、「減價」等相關語言會比較敏感；相對地，Y世代的人比較習慣於「價值性」的語言，也就是說商品可以帶來的好處，商品對他有什麼幫助，Y世代比較喜歡聽到「新潮」、「熱血」、「夢想」等字眼，他們會為了追求價值，而付出手上的金錢！

第三章

學會這些銷售密技，遠離客戶的拒絕

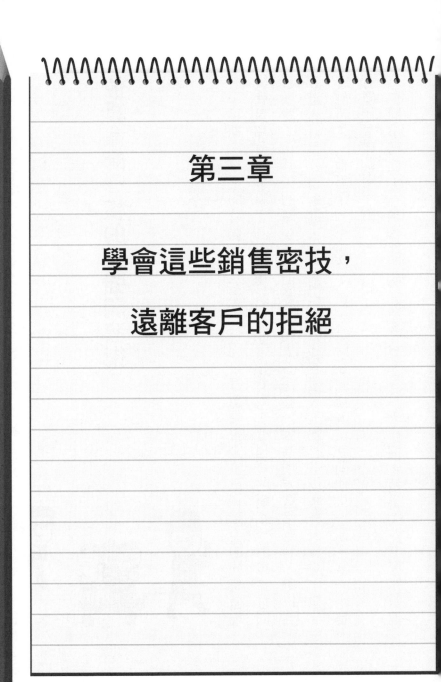

像算命師一樣的超強開發術

星期一早上的時候，辦公室一位同事打新領帶來上班，眼尖的同事發現後就對那位同事說：「新領帶喔！非常好看呢！哪裡買的啊？」然後這位同事就說：禮拜天的時候，跟朋友一起去看電影，因為朋友還沒有到，所以到旁邊的百貨公司逛逛，一走到男裝服飾的樓層，就有一位服務人員叫住他：「帥哥！」他看了一下服務人員，這時候服務人員就問他：「你平常一定是打寬版領帶的對不對？」

同事楞住了，那天他明明就穿著 T-shirt 跟牛仔褲，銷售人員怎麼知道他

平常都是打寬版領帶？於是這位同時就回答：「對啊！」結果銷售人員下一句話就說：「年輕人就要打窄版領帶，這樣才會顯得帥氣、年輕，非常適合你！」當然後來就有套銷售的話術，這位同事也買了窄版的領帶。但始終令人好奇的是：這位服務人員怎麼知道這個同事平常都打寬版領帶？

事實上剛剛這位銷售人員用了「像算命師一樣的說話方式」！

什麼是「像算命師一樣的說話方式」呢？其實就是算命師攬客的技巧之一。

我們可以先想想看算命師是如何攬客？一般來說，有些算命師會在街邊擺攤，然後觀察往來的行人，突然間有一位路人跟算命師眼神交會了一秒鐘，然後算命師就開口了！「這位先生請留步！」路人一怔，這時候算命師就會說：「最近一定有什麼重要的事情發生在你身上，對吧？」這時候如果路人剛好被裁員，可能會覺得：「啊！大師好準啊！我才剛剛被裁員，就被你算出來了！」然後路人就坐下來了。

等到這位路人算完命之後，算命師又開始觀察路人，直到另一位路人跟算命師眼神交會的那一秒，算命師又開口了：「這位小姐請留步！」這位小姐楞了一下，然後算命師就開口說到：「最近一定有什麼重要的事情發生在你身上，對吧？」如果是剛好拿到意外之財的人，可能會覺得：「啊！大師好準啊！我才剛剛拿到意外之財，怎麼就被大師算準了！」於是這位小姐又坐了下來。

如果我們仔細分析這兩個例子，雖然這兩個例子不同，但是卻很明顯地創造了同一個效果，而創造這種效果的方法，就是「算命師語法」！

算命師語法的運用與技巧！

所謂的算命師語法，就是能夠快速讓客戶產生好奇與回應，讓客戶願意停留下來的一種說話方式！是用一種模稜兩可的說話方式，引導對方有所回應。也就是說，算命師語法是讓客戶與業務人員的關係，從「陌生」拉近到「有興趣」的一項方法；而算命師語法的重點不在於猜中客戶的想法，而是要創造客戶的好奇跟回應！

那麼，業務人員應該要如何使用算命師語法呢？有三個很重要的階段：

1. 敏銳的觀察力：你要能夠敏銳地觀察到對方的狀態。以算命師來說，他們會找的人通常都是看起來若有所思、憂心忡忡的人，這時候人們願意算命的機會也會比較高。再來，就是當你問出關鍵詞的時候，你要觀察對方的反應，如果對方的反應是強烈的，那就代表你說中他的狀況。

2. 跟對方有互動：這時候你要若有所思地說出一句話，讓對方產生好奇！有時候在業務銷售的時候，我會問：「不知道你過去有沒有這樣的經驗？」其實這樣的過程並不是要說中對方的經驗，而是要讓對方跟我們有所互動。

3. 算命師語法：「肯定句」＋對不對？其實這樣的語法違背了一般的文法。但是這樣不符合文法的說話技術，但是這卻是關鍵的用語！舉例來說，如果你是銷售健康食品的業務員，你可以說：「你最近壓力很大，對不對？」、「你最近肝火比較旺，對不對？」這樣的語法，就是讓對方跟你互動。

你或許會說：「不對啊！以剛剛領帶的例子來說，如果對方剛好沒有打領帶，或是打窄版領帶的時候，那不就漏餡了嗎？」

其實不會！

如果客戶是打窄版的領帶，那銷售人員就可以說：「那正好！我們這邊有很多新的窄版領帶，非常適合你喔！」如果沒有打領帶的話，銷售人員也可以說：「真的嗎！那你一定要試試看窄版領帶，可以讓你顯得比較年輕！」

關於問話後的不同解釋，我們可以用一個故事來說明：

一位自稱算命先生自稱上知五百年，下知八百年。這時候剛好有三位要進京趕考的秀才前來問他：「我們這次前去考試，有幾個人會考中進士？」

只見算命先生閉上眼睛掐指一算，然後伸出一根手指，三位秀才急忙問他這是何意，算命先生搖頭說道：「天機不可洩露。」秀才們再問，算命先生死活都不開口，秀才們只得無奈離開。

等秀才們都走後，算命先生的徒弟問師傅：「師傅，你剛伸出一根手指，到底是什麼意思？」算命先生看看了左右，發現無人，才輕聲說道：「他們一共三人，如果一個人考中，這指頭就表示考中一人；如果兩個人考中，就表示落榜一人；要是三人都考中，就表示一齊考中；要是三個都沒考中，就表示一個也不中。」

徒弟聽後，哈哈大笑：「天機原來如此，的確不可洩漏！」

透過簡單的說明，我想讀者應該可以很清楚地了解到，如何跟算命師一樣，用算命師語法來設計你的話語，讓你在銷售上可以很快地拉近跟客戶的距離，進而成交！

和主宰成交的潛意識溝通

我想大部分的人應該都知道潛意識，也知道潛意識對於人的重要性，但大部分人不知道的是：想要做好銷售，就要能夠跟潛意識溝通！我常說：「客戶因理性而拒絕，因感性而購買。」也就是說，如果你想要用理性說服客戶，那麼客戶就會更理性，找出更多拒絕的理由；但如果訴求點是感性的一面，那麼客戶會因此而向你購買！

表意識	潛意識
理性	直覺
邏輯	第六感
分析	感性

為什麼？就像我們之前所提到的觀點一樣，消費行為是一種感性錯覺。所以購買本身就是一種衝動行為。人們之所以會購買，是因為你的商品跟客戶的潛意識產生了連結，這樣的連結就會讓人產生購買的衝動。

我本身是一個還蠻講究養生的人，所以一般來說，我平常是不喝可口可樂，但是有兩個狀況例外，第一個狀況是來到熱帶地區。當我坐在海灘上、享受陽光的沐浴跟海風的吹拂，這時候就會覺得：啊！有一瓶可樂真好！第二種狀況就是當一群朋友歡聚在一起的時候，通常會叫披薩、炸雞等食物，這時候就想：啊！如果有一瓶可樂，一切都美滿了！後來我發現到，這是因為可口可樂的廣告當中，大量地使用這兩種元素，像是：清涼、暢快、歡聚

（圖片翻攝自 Youtube）

此圖解析差

等，這樣的元素不知不覺就跟我的潛意識做了連結，所以當我處在這兩種情境當中時，就不知不覺地想著：啊！來一瓶可樂真好！

另外一個洋芋片廣告也讓我覺得非常經典：有一次農曆過年，張韶涵因為工作的關係，所以無法回家過年，下了班之後，她一個人孤零零地坐在沙發上轉電視，突然間電話來了，是家鄉的老媽媽打來問她好不好。為了安慰媽媽，她說他很好，但卻是掩不住那一絲的落寞；就那一瞬間，門鈴響了。她把門一打開，結果家裡的人都來了，手上都拿著一包樂事洋芋片。想想看，如果當時你是無法回家過年的人，會不會想要有一包洋芋片呢？當然會！因為你也希望有這種溫暖的感覺。

所以，我們可以很清楚地發現到：購買是一種衝動的行為，當你的商品跟客戶潛意識連結的時候，很容易就能達到成交的目的！

潛意識溝通的三大要點

接下來你一定會問：那我們要如何跟潛意識溝通呢？想要跟潛意識溝通，就要先明白潛意識的特點。潛意識有三個溝通重點：圖像與感官、儲存記憶與不接受否定句。

圖像辨識

對於表意識而言，我們會用邏輯、分析的方式來思考，但是潛意識不同，它是用圖像來進行辨識與記憶。也就是說，潛意識是透過感官的描繪來取得記憶。假設你是賣電視的業務人員，在跟客戶溝通的時候，你如果一直強調性能、解析度很高、飽和度等，對於客戶來說其實意義不大，因為跟客戶的潛意識無法連結。但如果你說的是：這台電視的效能非常好，當你擁有它的時候，就像是有了一個家庭劇院，你可以跟小孩一起在家裡看電影，吃著炸雞、爆米花，不需要到電影院人擠人。這時候客戶當中就會有在家中看電影的悠閒畫面，對於擁有商品的渴望度也會增加。

儲存記憶

心理學家發現，潛意識就是我們記憶的寶庫，所有的記憶都存放在潛意識的寶庫當中。所以有一種說法是：沒有記憶問題，只有回憶問題。意思是：你的記憶都在，只是想不想的起來而已。那要如何幫助對方回憶呢？可以透過語言的模式，幫助對方勾起回憶。例如一個業務人員要進行銷售的時候，可以先問客戶：「以前買類似的商品時，有什麼事情困擾著你？」這時候客戶的潛意識就會拉到過去的經驗，然後說出過去的經驗。這時候業務人員可以說：「就是因為過去的忽略了一些內容，所以讓你有不愉快的經驗，現在的商品經過了改良，可以體會到商品帶來的好處。」

這樣的方法，也可以有其他方式來使用。有時候我們直接說道理，或許不會有人要聽。舉例來說，當業務人員說：「過了這個村，就沒有這個店！」這時候接受的人就很少。但如果業務人員這麼說：「不知道你有沒有這樣的經驗，有時候你看到某些想要買的東西，卻沒有馬上購買，等到離開了以後，你才在想：哎呀！應該要買的！但是當你想到這邊的時候，也找不到相關的商家了！所以，當你想要購買的時候，一定要把握時機！」這一段話就比直接說：「過了這個村，就沒有這個店！」還要有力，因為那段話是勾起你過去的經驗，讓對方喚醒那樣的回憶，跟潛意識產生連結。

我再舉一個例子，如果你是銷售英文課程的業務人員，面對客戶的時候，你只對他說：「英文很重要！」那客戶肯定不會理你。但如果你對客戶說：「不知道您過去有沒有這樣的經驗。就是：有外國人在問路，你很想幫忙，卻無法跟對方溝通，所以幫不上對方的忙。那時候你會不會想：『如果我英文再好一點就可以幫忙了！』而我們的課程，就是針對英文會話的部份，讓您聽得懂、也說得出來！下次你遇到老外的時候，就不會手忙腳亂了！」這時候客戶是不是比較容易買單呢？我相信會的！

潛意識聽不懂否定句

我先問一個問題，現在我說：「不要想到電腦。」這時候你會想到什麼？沒錯！就是想到電腦！奇怪！我不是要你不要想電腦嗎？你怎麼會想到電腦呢？其實這就是潛意識第三個特點：聽不懂否定句。

也就是說，當你說不要什麼，其實潛意識沒有聽到「不要」兩個字，它只聽到後面的詞彙，以前我們常對小孩說：「注意！不要跌倒！」結果小孩反而跌倒了！我們告訴上台的人：「不要緊張！」結果他反而更緊張了！這就是因為潛意識只接受肯定句，無法接受「不要」的句型。所以當你跟潛意識溝通的時候，就要想辦法轉換語法。如果我要小孩不要跌倒，那麼你應該說：「好好走！」如果要對方別緊張，那你就要說：「放輕鬆。」

如果用在業務技巧上，最常見的就是碰到拒絕問題：太貴！當你聽到客戶說：「太貴！」的時候，絕大多數的業務都會回答說：不貴，我們的東西其實不貴！但是對潛意識而言，你就是一直在說：「貴！貴！貴！還是貴！」那我們要怎麼說會比較好呢？這時候你要說：不便宜！當你說出：「不便宜。」的時候，是不是在情感上就覺得沒有那麼貴，這樣客戶會比較舒服，也比較容易成交。

兩種催眠語法，讓客戶心甘情願掏錢埋單

我在上課的時候，常會有學員說：「哎呀！客戶真的很難說服，真想要催眠客戶，讓他們乖乖購買產品。老師，真的有辦法催眠客戶嗎？」我笑笑地說：「當然有啊！」事實上，當你懂得跟潛意識溝通的時候，其實就是在催眠客戶，讓客戶心甘情願地掏錢購買。

在上一章的時候，有討論到潛意識溝通的三大要點，這一章就是要介紹兩種催眠語法，讓你透過語言的引導、跨過理性的思維，直接跟客戶的潛意識溝通。

第一種語法：封閉型問句。

第二種語法：因果法則語法。

善用封閉型問句，創造高績效！

在說明封閉型問句之前，我先說一個小故事。有A、B兩家早餐店開在對街，兩家的生意都很好，每天早上都是人滿為患。不過奇怪的事情是：其中B那間早餐店的雞蛋消耗量特別快，大概都比A早餐店多一、兩箱蛋。

A早餐店的老闆很好奇，於是假裝顧客到了B早餐店，看看到底B店用了什麼方法，讓雞蛋的使用量這麼高。當A老闆來到B早餐店的時候，點了一份鐵板麵，這時候店員問了一句話：「先生，請問您要一顆蛋還是兩顆蛋？」A老闆頓時恍然大悟！

為什麼這個問句有這麼大的威力？

因為當店員問你要「一顆蛋」還是「兩顆蛋」的時候，其實這個問具有個假設前提，那就是：客戶要加蛋！所以加蛋的機會幾乎大幅增加，甚至還有人家真的加了兩顆蛋，平均起來加蛋的比例幾乎是100％！相對地，如果你的問句是：「要不要加蛋？」這樣加蛋的機會就是50％。B店幾乎是100％機會加蛋、A店則是50％機會加蛋，當然是B的雞蛋使用量當然比較高啊！

什麼是封閉型問句？我想對於業務人員來說應該很熟悉，那就是問句的答案限定在「二選一」或「三選一」，像是：「您要選擇刷卡還是付現？」、「您打算要今天還是明天送到家？」、「這樣的說法您同意嗎？」這些都是很典型的封閉型問句。但是只有這樣的封閉型問句還不夠，還要加上一個很重要的因素，那就是：假設對方已經成交。就跟剛剛的B早餐店一樣，你的封閉型問句必須要假定對方已經在某個預設情境當中。

舉例來說，假設今天你想要約一位心儀的對象出去的時候，如果是問：「你願意跟我共進晚餐嗎？」這時候機率就是一半一半；但如果問句換成：「下週一啟用個晚餐吧！你是星期一、還是星期二有空？」這時候對方願意出去的比例當然就會增加。

有一些銷售人員在問話的時候，也懂得善用這樣的方法，像是有些賣鍋具的服務人員，在客戶還沒有確定成交的時候，就會問：「你喜歡紅色的鍋子、白色的鍋子，還是黃色的？」這時候服務人員已經假定對方要成交了，當客戶說出哪種顏色的時候，其實他的心中已經被植入「要購買」的潛意識訊號了！

因果法則語法，以真帶假！

在談到因果法則語法之前，要先了解一下大腦的運作。

一般來說，如果直接說了一句不真實的話語時，別人一下子就可以聽出破綻。有一天我去買衣服，當我試穿完之後，店員用很誇張的口氣說：「先生！你真的好適合這件衣服喔！」這時候我會怎麼想？當然是認為他要賣我衣服，所以才會說衣服好好看，好適合我。但如果這位店員是說：「先生，你體格非常勻稱，穿上這套西裝更可以顯出你的氣質，這件衣服好像就是為你量身訂做！」這時候你還會覺得店員說的是假話嗎？通常不會！

這就是我們大腦的運作方式，當你在說出一個對他而言不真實的話語時，對方會很敏銳地覺察到；但如果你在說出這些話之前，就說出一些真實的狀況，就會讓大腦認為一切都是真的，也把你所說相對非真實的部份當作是真的。舉另外一個例子來說，當小孩跌到的時候，很多爸媽都是說：「不痛！

不痛！」其實父母說出這些話，只是爸媽的期望、是爸媽期望小孩不痛，但是對小孩來說，還是非常痛啊！有一次我看到小孩跌倒，然後爸爸把他扶起來以後，一邊輕輕地按揉小孩跌到的地方，對他說：「乖乖喔～爸爸呼呼，痛痛飛！爸爸呼呼吹吹、快快好！」這時候「爸爸呼呼」是事實，再加上痛痛飛、快快好！對小孩來說，似乎好像沒有這麼痛了！

這就是因果法則語法，也就是用一個事實帶出你所期望的狀態，這樣就可以直接進入潛意識，讓潛意識無法分辨這兩者的真實性。所以因果法則的語法就是：

真的狀況（已經做過的事情）＋你的期望

我舉一個例子來說明，讀者將會更清楚這樣的用法。假設今天你是一位房屋仲介，如果直接跟客戶說：「林先生，你喜歡這間房子嗎？」我想被客戶打槍的機會一定很高。但是如果你這樣說：「林先生，您剛剛有看到客廳採光非常明亮；您也看過了主臥室的格局，無論是採光跟方位安排，都符合您的需求，相信你住起來一定很舒服！」這段話前面所描述的情況，都是一個真實狀況，甚至也都是業主的需求，到最後你說出：「相信你住起來一定很舒服！」這樣對方是不是很自然地就接受了你的期望？但如果你一開始就直接說這句話，有很高的機會被客戶拒絕！

最後，我還是要提醒讀者，千萬不要把這些語法當做「話術」，我告訴你的語法都是一種結構，可以變化不同的形態，運用在不同的領域當中。千萬不要死背話術，硬要把不屬於你說話的方式套用在自己身上；唯有把這兩種催眠語法內化成你說話的方式，這樣才是成為銷售高手的不二法門！

記住，銷售不是辯論比賽

小花平常是歐蕾的愛用者，有一天她走進百貨公司，碰到S牌的門市人員，這時候服務人員說：「小姐平常用的是什麼牌子的化妝品？」小花：「我用的是歐蕾。」門市人員：「真的嗎？歐蕾其實不太好耶！它的成份跟我們比起來，差太多了。」這時候小花的心理OS：「所以我用歐蕾是白痴嗎？」但小花客氣地說：「我知道你們品質不錯啦！但是單價太高了！」門市人員又回小花：「不會啦！話不是這說的！一分錢一分貨啊！」小花聽完了以後，當下扭頭就走。

到底門市人員犯了什麼錯，會讓小花扭頭就走呢？因為他跟客戶在做辯論比賽！

我有一個朋友，有一次逛街的時候被門市人員攔下來，問他要不要試用產品，朋友說：「我用過了，不好用！」結果門市人員說：「不會啦！我們產品真的很好用！」最後你猜我朋友怎麼做？當然是掉頭走人！

為什麼？因為門市人員跟我朋友在做辯論比賽！

很多業務員認為：「銷售不就是要講贏客戶，客戶才會買單嗎？」所以這些業務員準備了很多的資料、數據，用了大量的專業術語，當客戶提出問題的時候，一一把客戶的問題給反駁回去，於是業務人員贏得了這場辯論比賽，卻沒有獎品、沒有獎牌，更別說業績！

為什麼？我都說贏客戶了，為什麼他們不買單？因為：不買最大！

很多業務員，特別是新進的業務人員都認為，唯有把客戶反駁到啞口無言，客戶就會買單，但其實這樣的想法是有問題的！因為當你跟客戶的立場進入對立的時候，就會開始進行辯論比賽，這時候就算你講的再有道理、就算你舉的資料跟數據都對，但是客戶對你所說的話卻是一句都聽不進去，這時候客戶會購買嗎？當然不會！

跟客戶站在同一陣線！

那要如何做好銷售呢？首先，一定要跟對方站在同一陣線！一定要不斷認同你的客戶，絕對不要跟客戶站在不同邊！因為當你產生對抗的時候，你就不會有機會成交！

我曾經聽過一個朋友，在路上跟一位基督徒辯論了1小時，卻沒有任何結果；不但沒有結果，還對於基督教會留下的不好的印象。這讓我想起一個很有趣的經驗，有一次在路上碰到一個摩門傳教士，這位傳教士問我：「請問您有宗教信仰嗎？」我一看就知道這是傳教士，所以刻意對他說：「有啊！我是拿香拜拜的！」沒想到這位摩門傳教士接著說：「太棒了！有信仰真的很重要，我想你也不會反對多聽一種信仰吧！我們在星期三晚上有個聚會，歡迎你來參加！」雖然後來我沒有參加，但是對摩門教就留下極好的印象！

所以當我們做銷售的時候，碰到客戶有意見的時候，正確的做法應該是：先認同客戶，不管他的觀念是否跟你一致！

如果客戶觀點跟你相同

這時候你可以直接認同客戶，對客戶說：「我也這麼認為，所以⋯。」

如果客戶觀點跟你不同

這時候你還是要先認同客戶，然後透過間接認同的方式，來說明你的想法。當你碰到這樣的情況時，可以用這樣的語法：我曾經也這麼認為，有些人也這麼認為，同時（不能用「但是」，可以用「後來」）我也認為⋯。

我們舉一個簡單的例子。假設你是保險業務員，碰到一位客戶提出意義：「我認為保險都是騙錢的，根本不需要買！」這時候你可以這樣回應他：「真的！我一錢也是這樣想耶！保險公司收了這麼多錢，卻不知道會不會理賠，很像詐騙集團耶！後來啊，我有一次碰到交通事故住院，付了一筆醫藥費以後，才發現到保險真的很重要！」這樣的說法，是不是讓客戶感覺到被認同，同時你也說明了保險的重要性。

不過在這邊有一個小提醒，那就是在轉折的地方，千萬不要用「但是」，這是很多業務員常犯的毛病。像是：「我過去也認為保險不重要，但是後來……。」當你用了「但是」這個詞，就代表你否定了前面的認同，客戶的心理也會馬上呈現防禦狀態。

最後要提醒讀者的是：不是每一次銷售都要成交。很多人會以為，每一次的銷售都要成交，如果我用這樣的方法沒成交怎麼辦？其實沒關係！所謂：伸手不打笑臉人！當你留下好印象的時候，下次就有機會成交！要把銷售的視野放得更長，而不是拘泥在一次的銷售上！

客戶要的不多，只需要多一點點的喜歡

先談談信任這件事情。

現在有很多的廠商都強調「信任」，像是信義房屋的廣告當中就提到：信任帶來新幸福。但是信任其實有兩個很重要的元素：時間與事件。一個人要被信任，通常需要長時間的小事件所累積；如果想要短時間累積信任，那麼發生的事件要非常重大。

信任＝時間＋事件

舉例來說，每一次我交代A同事的任務，他都能準時完成，每一次都可以達到我的要求，這時候我對他的信任度就會越來越高；另外一種情形是：有一個大案子需要緊急處理，這時候沒有人可以幫忙，但是有一位朋友很快地就幫我處理完，這時候我對他的信任度就會大幅增加。

對於業務員也是如此，當客戶認識你的時候，信任度一定不高，但是因為每一次的事件、每一次的相處，所以逐漸增加信任感；但如果剛認識客戶的時候，剛好客戶的小孩需要醫療協助，剛好你認識醫院的醫師，可以協助客戶進行相關的事情，這時候客戶對你的信任度一定會增加。

但是在建立信任之前，還有一個重要的前提，那就是：讓客戶喜歡你！還記得嗎？在第一章的時候有提到農夫的銷售流程，在春耕的階段就是要讓客戶喜歡你，然後才是夏耘的建立信任感，深化彼此的信任度。但是很多的業務員都搞錯了一件事情，認為一定要建立信任感才能進行銷售，所以拼命建立彼此的信任感，卻忘了先做好「讓客戶喜歡你」這件事情。

為什麼要先讓客戶喜歡你？

讓客戶先喜歡你，才有後續的交流

我先問一個問題：「你會跟你不喜歡的人交朋友嗎？」我想大部分人的答案應該是：「我都不喜歡他，為什麼要跟他交朋友？」同樣地，如果客戶不喜歡你，那他為什麼要跟你交朋友呢？如果他不跟你交朋友，那又怎麼能夠建立信任感、甚至是銷售產品給客戶呢？所以，銷售的基礎就是：喜歡。也就是讓客戶喜歡你！當客戶喜歡你之後，你才有機會進行後續的流程。

我想問問看讀者有沒有這樣的經驗：有一個專櫃或商家，其實你沒有真的需要那樣商品，但是因為你喜歡其中的店員，或者是喜歡跟老闆說話、甚至只是老闆一抹誠懇的笑容，所以你跟他們購買商品？我想絕大多數人都有這樣的經驗。因為喜歡對方，所以願意進行消費；相反地，有時候你是不是會因為有些店員、店家老闆的態度不好，讓你覺得很不喜歡，所以拒絕跟對方消費呢？當然有！這種生活中的經驗比比皆是，在在驗證了：「喜歡才是銷售的基礎」！如果沒有喜歡，就沒有後續的交流。

那要怎樣讓客戶喜歡我們呢？最簡單的方法就是找到同樣的話題，拉近彼此間的距離。這一點在許多的業務員身上都可以看見。舉例來說，當你認識了一位新客戶，在跟客戶聊天的時候，客戶提到他是台中人，住在靠近中興大學附近，這時候你可以跟客戶說：「真的嗎？我之前也著過台中耶！中興大學附近是不是有一個忠孝夜市？那邊的小吃很有名耶！」這時候你就跟客戶拉近了彼此的距離。

但有時候客戶所說的事情可能跟你沒有關係，這時候就要發揮：沒關係也要找關係的精神。假設有一位客戶喜歡衝浪，而你沒有這樣的經驗，不過你的朋友圈當中有喜歡衝浪的人，這時候你也可以說：「真的嗎！我有朋友也喜歡衝浪，每一次都跟我分享衝浪的心得。」

這種透過語言找尋共同點的方法，在業務上被運用的範圍很廣，舉凡同鄉、同好、同學、同梯（對男生而言）、同校、同公司等，都是可以找尋共同點的話題。但是我在這邊還要提到另一個方法，那就是「跟客戶調頻」。

讓客戶一見鍾情的小秘訣

常常有人會問：「老師！有沒有快速讓客戶喜歡我的方法？」當然有！

想要讓客戶快速喜歡你，最重要的方法就是：把自己跟客戶調到同一個頻率！有聽過收音機的人應該知道，如果我們要找台北愛樂電台，在台北的話就必須要把頻率調到FM99.7，如果在新竹就要調成FM90.7。如果你沒有調到這些頻道的話，就會收聽到其他的電台。同樣地，想要讓客戶喜歡你，就必須要跟客戶調整到同一個頻率。

要調整到客戶頻率的方法很簡單，就是模仿他的行為、說話速度、手勢、語調口氣、呼吸快慢等，都是調整頻率的方法。這樣的方法聽起來很簡單，卻不容易做到。因為很多人在模仿別人的時候就會出問題。有些人聽到：模仿客戶的行為。所以客戶咳嗽他也咳嗽、客戶吐痰他也吐痰、客戶說髒話他也說髒話，這樣的複製行為反而會讓客戶反感，以為你在玩弄他；特別是有口吃的客戶，如果你還複製口吃的說話方式，會讓客戶以為你在取笑他，而留下不好的印象！

那到底什麼是模仿客戶的行為呢？我舉一個簡單的例子，雖然這例子不算很正面，但卻是很常發生的事情。有一些哈菸族，原本兩人並不認識，但是因為在吸菸的過程當中，兩個人必須要待在一起，這時候兩人的動作都是吸菸、吐霧、抖菸頭，無形當中就讓兩人的頻率調整一致。所以常常會看到有些人原本不是朋友，抽完兩根菸之後就彷彿是認識好多年一樣，當中的奧妙就是調頻的功用。但我並不是要鼓勵讀者去抽菸，而是要懂得善用這樣的原理，如何把自己的頻率調整到跟客戶一致，這才是讀者要練習的地方。

微笑是世界上共通的語言！

除了調頻之外，還有一個最重要，也是最容易建立「喜歡」的方法，就是「點頭微笑」！當你點頭、微笑的時候，就是建立親和力最好的時機。我幫很多企業上過課程，下課的時候我都會觀察學員之間的互動，總會發現有部分學員很親切地微笑，並且主動跟別人打招呼，深入了解之後，才知道這些人通常都是公司業績排行榜中的常客；反之，那些不微笑的人，通常業績是吊車尾。

為什麼會有這樣的差別？道理很簡單，每個人都喜歡跟開心的人在一起，不會想要跟悶悶不樂的人在一起。所以微笑、點頭可以說是最簡單、也是最基本建立親和力的方法。只要你笑了，別人也會跟著你笑！

其實，當你跟客戶從陌生到產生互動，當中最重要的步驟就是「親和力」，也就是對方是不是喜歡你，當客戶喜歡你的時候，當然就會解除對方的防備與擔心，這時候你才能建立後續的信任度，銷售你的產品或服務！

破除成交前客戶的猶豫心態

不知道讀者有沒有這樣的經驗，有些人到了菜市場去買東西，跟賣雞肉的老闆買了一支雞腿，還沒有付錢之前，都會問老闆：「老闆，這隻雞肉好吃嗎？」然後老闆就會回答說：「當然好吃啊！」你是不是會覺得很好奇，老闆一定會說好吃，那客戶為什麼還要問？

我常常在上課的時候舉買西瓜的例子：一般來說，夏天的時候有兩個管道很容易買到西瓜，第一種就是菜市場或路邊賣西瓜的攤販，這些攤販常常會掛一個大大的招牌，上面寫：西瓜一斤0元，包甜！第二種就是大賣場或

量販店。有時候跟攤販買西瓜的時候，就會問老闆：「甜嗎？」老闆就會告訴你：「包甜！」然後就心滿意足地買了西瓜回家；但是到了大賣場的時候，就會開始挑東挑西，一直猶豫要不要這一個，但是另一個看起來比較甜，到底要哪一個呢？

是什麼造成這兩種差異？就是客戶的猶豫心態！

如果是在路邊攤買西瓜，這時候客戶問：「有甜嗎？」其實是一種猶豫心態，擔心自己買到不甜的西瓜，所以當客戶問了：「有甜嗎？」這句話的時候，其實客戶在等待店家幫他負擔一些責任，萬一回到家裡吃起來不甜的時候，還可以說是老闆騙人，所以這時候店家當然很果斷地回答：「包甜！」客戶就理所當然買單。但是在量販店買西瓜的時候，自己要負擔 100 %的責任，萬一西瓜不甜，就沒有替死鬼可以怪罪，當然就會猶豫比較久。

透過這樣的例子可以發現，其實在成交之前的問題，不見得是真的問題。有時候你會發現到客戶問的問題很荒謬，其實都是為了掩飾心中的不安。假設今天有客戶買保養品之前，還一直問業務員：「這保養品有效嗎？」其實也就是尋求一個確切的解答，好轉移自己的責任，分擔買錯東西的壓力。

當客戶產生猶豫心態的時候，業務員應該要怎麼回應呢？很簡單，堅定且簡單地回應客戶：「是的！有效」或者是：「包甜！」等，這些都是堅定客戶購買的決心。相反地，如果你的回答模稜兩可，無法給出確切的答案，那很有可能會導致客戶不願意進行購買，因為他發現到你比他更害怕！

業務員無法打包票的三大原因

有一些業務員碰到這樣的猶豫問題，卻無法肯定地回答客戶：「是的！」這樣的原因有三點。第一、對商品沒信心。第二、對自己沒信心。第三、產品本身真的有問題！

對商品沒信心

有時候業務員對於商品不了解，沒有搞清楚產品的內容，就貿然地衝向第一線銷售時，就很容易碰到這樣的問題。因為你不清楚產品，你怎麼會對產品有信心呢？這就是為什麼有很多業務人員強調要自己試用產品，才能開始進行銷售；唯有當你真正使用產品之後，你才會對於產品有信心；當你對產品有信心的時候，你說話自然就會有力！就拿買西瓜的例子來說，有些人問了「甜不甜」的問題之後，攤商肯定地對客戶說：「包甜！如果不甜，我都在這邊擺攤，你可以隨時來找我，我都可以讓你換！」這樣是不是就讓人感覺到安心，自然也會願意購買。

對自己沒信心

這是最多業務人員會發生的問題，有時候產品沒有問題、公司沒有問題，但是他就是不敢堅定地說：「對！」其中很大的原因就是自己沒有自信，所以不敢真正對客戶做出承諾。以購買保險為例，當客戶問你：「我這樣的保單真的保險嗎？」這時候你卻支支吾吾，不敢跟對方說：「這是我幫你規劃最好的方案！」這就代表你對自己所規劃的方案有所質疑，其實根源就是對你自己沒有自信。

商品真的有問題

如果是商品真的有問題而不敢掛保證，那我只能建議換個商品。千萬不要銷售你不敢販售、你認為有問題的商品，當你自己那關都過不去的話，客戶也會感受得到你的惶恐。所以，如果真的是商品問題，那就不要銷售這樣的產品，千萬不要跟你的良心過不去！

有些人會把猶豫心態跟異議處理混為一談，但其實這是兩件不同的事情。猶豫心態是指客戶有購買意願，但需要你臨門一腳，讓客戶可以堅定地購買。而異議處理是指客戶對於商品本身真的有問題，或者是有其他的相關問題，需要業務員人釐清、回答。分辨這兩種最好的方法就是：猶豫心態通常發生在詢問價格、了解付款機制，甚至已經把錢掏出來的時候；而異議處理則是客戶還在了解的階段，還沒有談到詳細的付款方式時，真對客戶所提出來的問題做出回應。兩種情況不同，回應的方式也不一樣，千萬不要混淆了！

別被客戶的考慮看看給騙了

對於業務人員來說，最大的拒絕問題絕對不是「太貴！」而是：「我考慮看看！」當客戶說出這句話的時候，業務人員往往不知道要如何應對！在說明這個部分之前，我們先談談買領帶的同事吧！

當這位買領帶的同事被門市人員請到專櫃前，看著不同的窄版領帶的時候，門市人員問了他一句話：「您的預算是多少？」同事聽到這句話，察覺到門市人員在啟動銷售流程，於是回答說：「我今天原本沒有打算要買，所以沒有預算！」沒想到，強中自有強中手，這位門市人員居然對他說：「既

然沒有預算的問題，那我們來看進口的好了！」最後，你知道結果。

這樣的案例，給了我很大的啟發。過去當客戶說：「我沒有預算」的時候，銷售人員就會打退堂鼓，認為客戶沒有要購買了，在內心啟動了「不購買流程」，等到這樣的經驗夠多之後，當客戶說出沒有預算的時候，你就認為他不會購買了！但是這位門市人員不一樣，他把「沒有預算」詮釋為「沒有預算限制」，所以在腦海當中啟動的是「客戶購買流程」，當這樣的次數增加之後，面對客戶說出沒有預算的時候，業務人員會認為：只要沒有拒絕我，那就是有成交的機會！

因此，你如何解讀對方的話，就代表你的思維狀態如何；而你的思維狀態，就決定了最後的結果！所以真正的關鍵不在於客戶怎麼說，而是你如何解讀並回應客戶的話！

破解「考慮看看」的流程大公開

同樣地，當客戶說出「考慮看看」的時候，你啟動的是什麼樣機制？是成交機制？還是不成交機制？我想大部分人應該是「不成交機制」。而現在，我要你扭轉這樣的流程，當你聽到客戶說出：「我考慮看看」的時候，你要覺得興奮，因為客戶沒有直接拒絕你，甚至還有成交的機會，這時候你應該要怎麼做呢？

這時候你必須要先認同他！先認同他考慮的行為是對的！

舉例來說，假設你是賣健康食品的業務員，當客戶說：「我考慮看看」的時候，你要跟他說：「的確需要考慮，因為我們買東西的確要謹慎。尤其這是要吃下肚子的產品，自然需要多一點考慮，這代表您做事非常認真。」

當你認同他的行為之後，你一定要記得接著詢問不購買的原因是什麼。以剛剛的例子來說，你可以接著問對方：「如果方便的話，請您告訴我主要的考慮點是什麼？」或是「如果1是極度不想買，10是非常有興趣購買，那麼你購買的機會是幾分？」

如果是2分，那我只能說業務人員的敏銳度應該要加強。一般來說，當客戶會說出考慮看看的時候，通常購買的意願都會有6分以上，假設回答8分的時候，你可以接著問：「那有哪一件事情做了以後，可以讓您的購買意願從8分到10分呢？」如果客戶說是要跟家人討論，你可以接著問：「那什麼時候跟你聯絡？確認你們討論的結果呢？」或者是「我們可以另外約時間，讓家人一起來了解！」這些都可以協助業務人員解決「考慮看看」的拒絕處理。

所以，業務人員千萬不要被客戶的考慮看看給騙了，一定要問出客戶的想法，真正解決客戶的問題，不然「考慮看看」就可能只是客戶的障眼法，讓你抱持著成交希望的假象，卻沒有任何收穫！

第四章

學會這些銷售話術，

遠離客戶的拒絕

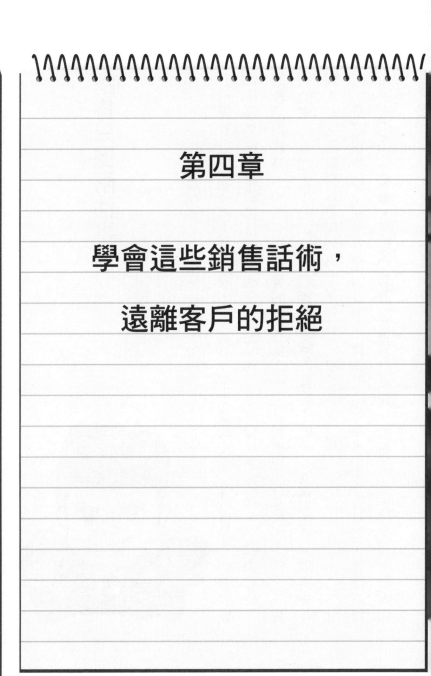

銷售只賣兩件事情

對於行銷或業務人員來說，有一個非常重要的問題，那就是：「你們在賣什麼？你們在銷售什麼東西？」這時候一定會有些業務說：「我們賣公司的產品跟服務！」、「我們賣的是氣氛！」、「我們賣的是便利！」、「我們的東西很好用！」、「我們提供美味的餐點！」、「我們讓客戶變得更年輕！」這時候可以發現到每個業務員的答案都不一樣。

這讓我想起一個很有趣的故事，據說乾隆皇帝下江南的時候，曾經到鎮江的金山禪寺禮佛，住持法磬禪師當然也就在一旁做陪，乾隆皇帝走到大殿

外的廣場時，看著長江上來來往往的船隻，就問了法磬禪師：「請問住持，這江上船隻往來，一天會有幾艘船呢？」沒想到法磬禪師淡淡地回應乾隆皇帝：「只有兩艘。」乾隆皇帝很納悶，於是問法磬禪師：「明明就有許多船隻在長江上行船，怎麼會只有兩艘？」這時候法磬禪師回應：「一艘為名、一艘為利。」言下之意就是世人都為了名利而奔波。

同樣地，銷售到底賣什麼？我的答案也只有兩個：一是問題的解決、二是愉快的感受。在銷售過程中，只要充分掌握這兩點，「成交」就會變得很簡單。

消費是一種「問題的解決」

二、三十年來，社會的形態不斷在成長，許多的需求被創造出來，所以許多產業都蓬勃發展，包括保險、證券、家電、食品、家具等，甚至到後來的手機、電腦等產品，這些產品相當程度上解決了人們的許多問題，也讓許多的業務人員獲得豐碩的成果。

這世界上有許多的消費行為，其實都是為了要解決問題。比如說購買衣服，目的是要解決食衣住行中「衣」的問題，購買房子是解決「住」的問題，購買汽車則是解決「行」的問題，甚至是出國旅遊，則是在某種程度上解決了「休閒娛樂」的問題。我們在生活中，幾乎無時無刻都有這類的問題，而任何形式的消費，都是為了有效的解決它們；而業務員為客戶提供服務，其實就是在替客戶解決問題。

當業務員可以解決客戶問題的時候，客戶買單的機會就會大增。正因為過去有這樣的成就，所以很多老一輩的業務人員都專注在產品的解說上，對於產品的數據、性能、優缺點都能倒背如流，而這樣的方式的確也非常重要。不過，當時代逐漸演進的的時候，當每個人手上都有一支手機、每個家庭都有電視、都有一台洗衣機、都有一張保單的時候，甚至當同業的人數越來越多時，那麼解決問題的銷售方法，已經出現了許多的盲點，這時候就要思考消費的第二個原因：愉快的感受。

想替顧客解決問題，不如先販賣「愉快的感受」

在解說「愉快的感受」之前，我先舉一個例子：當時肯德基推出「薄皮嫩雞」這項新產品時，他們並沒有花太多時間強調炸雞如何幫助顧客「解決問題」，因為如果採取那樣的作法，他們必須強調雞的新鮮度、佐料、烹調手法、足夠的分量等，這樣的方式根本費時費力，客戶也未必真的吃這一套。於是肯德基的行銷廣告設計了精采的橋段：在廣告當中，只要是客戶顧客購買「薄皮嫩雞」時，所有的櫃檯人員都立正敬禮，大喊著：「您真內行！」而這樣的行動，也延續到後面的實體銷售上，只要客戶點選薄皮嫩雞時，所有的人都會大喊：「您真內行！」這樣的銷售策略果然拉抬了薄皮嫩雞的銷售業績。

為什麼這樣的銷售策略可以獲得成功？因為他們創造了一個「愉快的感受」。而這種奇妙的感覺，創造出一種令人開心的氛圍，不但讓顧客當下覺得愉快，事後也樂於跟朋友分享。至於炸雞到底解決了多少「食」的問題，反倒已經不重要了。

為什麼肯德基的手法能夠成功？關鍵就在他們不只替客戶解決了問題，而且抓對了販售過程中另一項重要的元素：創造顧客愉快的感受。

頂尖的業務員都知道，要成功的把產品推銷出去，除了產品必須要能幫顧客解決問題外，顧客的現場感受其實是更重要的。比如說，推銷儲蓄型保單的業務員那麼多，大家都接受同樣的訓練，為什麼業績卻有完全不同的結果？或是像推銷食品的夥伴，大家都有同樣豐富的專業知識，為何最後銷售成績卻有明顯的差別？

這當中的關鍵其實在於：是否能夠創造出讓顧客感到愉快的氛圍。我前面提過，所有的銷售不外乎販賣「問題的解決」及「愉快的感受」，事實上我認為，當業務員在銷售時，這兩者的順序應該是前後顛倒的，也就是應該先替顧客創造出愉快的感受，然後再找尋機會，替顧客做問題的解決。

每當百貨公司週年慶時，許多人也都有類似的經驗，一開始只想「去逛逛就好」，回家時卻總是「滿載而歸」。為什麼百貨公司總是能在週年慶時衝高業績呢？關鍵就在於，大家都買了一大堆「愉快感受」回家。

結論就是銷售只有兩件事情，那就是「問題的解決」跟「愉快的感受」。而在銷售策略的運用上，一定要先創造「愉快的感受」，再導入「問題的解決」，這樣你在銷售上就能夠創造更加亮眼的業績！

讓客戶進入消費瘋狂的十個關鍵字！

我們在上網的時候，如果想要查詢相關的訊息，只要輸入關鍵字，就可以得到相關的結果。那有沒有一些關鍵字，當你說出來之後，可以接打入客戶的心坎裡，讓客戶願意買單呢？答案是有的！

我們知道，人的思考模式會產生購買行為，而語言的功能用於描述我們的思考模式。也就是說，我們只要用語言來改變客戶的思考，那麼客戶的購買行為自然會有所不同。

銷售中我們經常用語言來潛在改變客戶的想法，所以諸如「很貴」、「考慮」、「算一下」、「比較」這類我們不希望客戶的事，就應該避免在語言中出現。那麼，該出現的是哪些呢？哪些字眼對從口中說出來特別有魔力，容易讓客戶衝動呢？我整理了十大類的關鍵字，只要懂得適時使用這些字眼，絕對可以幫助你做好銷售。

最新

「新」本身就是一個最大的賣點！想想看，有時候 iphone 兩代之間變動不多，但是為什麼消費者還是願意徹夜排隊購買？因為是「最新」的一代啊！客戶總是喜新厭舊，這道理放在任何產品上都是如此！所以業務員想要使用這種方法的話，一定要經常將新的產品特別標榜出來，或直接將舊產品改良，讓它成為最新的款式。我們經常聽到百貨門市的業務人員促銷「最新款」，然而，這些最新款卻很可能是某一舊款在新季節的顏色而已。絕大多數的產品經過改良，都將搖身成為吸引人的新貨。

最快

速度，是現代人最喜歡的詞彙。或許是因為時代改變得太快，為了趕上這樣的變化，所以速度就變成了人們追求的目標。所以當你的商品或服務可以滿足「速度」需求時，都會引起客戶購買的慾望。像是：理賠最快、洗淨速度快、車子從0到100只要3秒等，這些都是追求速度的表現，也是讓客戶願意掏錢的關鍵字！所以業務員應該要把快速之類的字眼掛在嘴邊，就算產品並沒有快慢的問題，你起碼也能說是銷售速度最快，對吧！

先進科技

NOKIA總是告訴我們「科技始終來自於人性」，意思是說它們的科技不但最新，而且是以人為本。當你在跟客戶解說商品時，請不斷強調你的產品是最新被研發的，只要越有高科技的感覺，客戶就越會盲目的喜愛。若是產品與科技毫無關聯呢？沒問題，你還是可以說明你的產品重新被設計過，而且符合當下客戶的需求。

環保、節能

環保意識的抬頭，讓多數人會下意識的去支持與環保有關的一切事物。如果你銷售的是實體商品，建議你不妨強調材料的環保、無汙染，甚至可以要求鼓吹客戶多花一點錢支持地球。當你用環保的產品來比較非環保的產品，客戶通常都會做出下意識的抉擇。

保證、承諾

如果你販賣的商品或服務是周期性長、金額高的產品，這時候客戶越沒有安全感。想想看，如果要買一棟房子，你會考慮多久？通常是好幾個月吧！因為你會考慮到未來的貸款、房子的好壞等；如果你是買一台車子，你會考慮多久？通常是好幾天吧！因為你會考慮到維修、保固、評價的問題！但如果你是買一碗陽春麵，你會考慮多久？大概就幾分鐘吧！

就是因為這份不安全感，所以你的「保證」是非常重要的！我曾見過一款床墊強調保證耐用十年，但客戶真的會用到十年嗎？不盡然，但你必須讓客戶安心。許多初入行的業務員經常面臨客戶質疑專業性，我建議你不妨邀請主管陪同拜訪，並告訴客戶，整個團隊的服務將是購買的最佳保證。

限量

記得有陣子惡搞無間道的影片CD PRO2當中，有一句話非常經典：限量，是殘酷的！沒錯！雖然「限量」這方式很傳統，但也最有效！很多明星的商品都採用這樣的方式，激起人們對於產品的渴望。對於業務員來說，如果怕講「限量」太過直接，可以轉個彎說：「這產品我們真的賣很快，賣完就沒了。」在說的時候記得帶些急迫感，讓客戶感覺你比他更怕他買不到！

限時

限時也是一個非常老的行銷招數，但也非常有效！你看看每一年的週年慶，百貨公司總是能創下亮麗的業績，就知道「限時」也有它獨到的魅力！另外一種限時的變形，就是：停賣！它的意義也就是告訴潛在客戶：產品是限時搶購！這些都是百貨公司或大賣場常見的招數，他們透過廣播限量商品來加速行銷，幾乎都能激發客戶的購買慾望，達到賣場預定的業績目標。但如果你的產品不適用直接使用這招，別擔心！你可以用「劃分階段」來製造急迫感，例如要求在幾月幾號前下訂單，可享有何種優惠、有哪些贈品等，盡量讓客戶減少考慮時間，也就達到限量的目的。

特殊、訂做、尊榮

這幾年來，客製化的商品逐漸被人所接受。有越來越多人享受那種特殊、量身訂做的感覺，會讓人感覺到不一樣。舉例來說，現在的西裝幾乎都是工廠製作，統一版型、統一尺寸，非常地方便；即便如此，還是有越來越多的人，願意多花一點錢到老師傅的西服店，訂做一套屬於自己的西裝！為什麼？除了衣服較為合身，更重要的是不會「撞衫」，因為全天下就這套西裝獨一無二！

業務人員運用這個關鍵字的時候，應要要強調產品只為客戶規劃，別人都不適用，不要只拿制式的DM上場做說明，因為當客戶認為自己未被重視，他就不可能跟你買。這類說話效果通常針對越年輕或越年長的客戶效果越好，因為年輕人喜愛獨特，年長客戶則需要倍感尊榮。

暢銷

現在的商品幾乎都是買方市場，同樣的產品訊息滿天飛，導致客戶收到的訊息太多、能選擇的商品也太多，所以消費者會想要參考別人買什麼，來確定自己所做的決定是對的！針對這類的關鍵字銷售，我建議你準備一份銷售排行榜來輔助話術，當你談到產品暢銷時便拿出來，特別是對年輕女性，效果通常很好！

立刻可用！

不知道讀者有沒有逛過IKEA的經驗，除了創造需求情境的能力之外，他們最大的訴求就是：「今天帶回家，今晚就用它！」這一點打動很多人的心，也讓IKEA的生意一直很好！對於業務人員來說，你必須向客戶宣佈，你的產品能立即幫助他。前面九項關鍵字類型多半是在與情感溝通，但真正付錢時，客戶的理性卻經常跳出來攪局。所以你應該強調產品能夠立即作用並看見效果，在效益主義作祟下，客戶便越容易衝動購買！

這十大關鍵字，說穿了就是客戶的消費心理，當你讀懂這十個關鍵字，自然就能在業績上有所突破！

語言邏輯清楚，誰都無法拒絕你

語言，是一個非常神奇的溝通工具。有時候說對了話，無價；說錯了話，也是無價！有時候你說的話可以讓A客戶買單，卻遭到B客戶拒絕，這是因為你說錯話嗎？也不是。真正的問題出在於：你的語言邏輯是不是夠清楚！

很多業務員在做銷售時，都有過跟客戶意見分歧的經驗，原因多半是價格太貴、產品特色不符合客戶需要、對於產品的意見不同等等。雖然每個業務員都懂得「顧客至上」的道理，但如果遇到自己無法退讓的底限（例如價格），通常也只能眼睜睜的看著客戶離去，畢竟，產品總不能賠錢賣吧？

是的，產品當然不能賠錢賣！所以一名業務員必須要懂得，一旦跟客戶產生溝通上的分歧時，如何透過語言的引導，讓客戶在原本不願妥協的問題上做出讓步，然後開心成交。而在這一個章節當中，我會告訴你如何讓你的語言邏輯清楚，讓客戶願意買單！

還記得在前兩章有提到客戶購買的兩大原因：「問題的解決」跟「愉快的感受」。而且還有提到要先塑造「愉快地感受」，然後才是「問題的解決」！等一下我會告訴你如何運用語言的模式，讓你能夠把這樣的策略落實在銷售當中。

先用模糊性的語言產生共識！

首先，我們來提到語言的部份。在我們所使用的語言當中，有一些是模糊性、概念性的語言，這些語言的涵蓋性比較大，像是：愛、和平、寬恕、幸福、邪惡、快樂、公平等，這些詞彙的模糊性很大，所以在溝通的時候比較能夠取得共識，並且創造出情緒與感受。有一大類的語言比較清晰，他們能夠涵蓋的範圍比較小，像是：定價五千、八百萬畫素、保險額度、200TB

等，這些可以用具體的數字、具體的行為所描述的語言，它的精細度高，所以較容易出現分歧。

所以在進行銷售的時候，跟客戶之前一定要先取得「愉快的感受」，而創造愉快感受的方法，就是使用模糊性的語言！以保險業為例，「保險」的觀念並不是每個人都有的，有些人認為需要，也有些人認為不需要；有的人只保意外險，有的人則只保儲蓄險。當你不清楚一位客戶要保險的原因，光是用理賠金額、投資報酬率等來吸引對方，那麼成交的機會一定很低，因為你根本還沒跟對方達成共識。

所以，這時候業務員必需要將保單的意義加以延伸，讓它的範圍變得更廣、更有意義，那麼客戶被你說服的機會就大大的提升了。例如將保險模糊成為「保障」，這時候你應該告訴客戶：「一個人或許可以不需要保險，但一定需要一份保障，而保險就是保障的一種。」將保單的意義延伸，讓客戶認為他購買的不只是一紙契約，而是對未來、對家人的一種保障與承諾。在這樣的感受下，成交的意願自然增加。

如果你不想要使用保障的話，也可以用「幸福」來取代保險，或許客戶不認同保險的意義，也不一定認為自己很需要特別的保障。但是有誰能將「幸福的感覺」拒於門外呢？從心理學的角度來看，過著正常生活的人都有共同追求的價值，當大家談到這些價值時，目標想法往往就會一致。所以當你想要先跟客戶取得共識，創造愉快的感受時，一定要懂得使用模糊的語言，用較為籠統的概念跟客戶取得共識。

用精細的語言解決客戶問題，取得訂單！

當你跟客戶取得共識之後，總不能一直在談幸福、愛、快樂等空泛的字眼，這時候就必須要進行下一步：用精細的語言來解決客戶的問題。

同樣以保險行業為例，在取得共識階段，我們可能會與客戶談到「保障」、「幸福」等觀念，先與客戶創造銷售溝通的良好氛圍，但接下來，你就必須開始回歸到你的產品上，規畫合適的保單，提供給客戶最優質的選擇。畢竟光靠談論「幸福」，是做不成任何一筆生意的。

如果將保險精細化，可以細分為「商業保險」及「社會保險」，而一般業務員的產品都屬於商業保險，如果再細分的話，可以分為壽險、意外險、儲蓄險等不同險種，而一般業務員的服務，幾乎都屬於這一類範疇。透過這樣的方式，就可以找到問題的解決方法。

假設我今天跟A客戶談保險，在尚未取得共識之前，一定要跟客戶談到安全、幸福、無憂慮、充滿愛的生活，當客戶能夠認同這些概念時，你就可以開始告訴對方：「為了達到我們所提的理想，我提供了這幾點方案：我幫您規劃1000萬的意外險、200萬的壽險，還有實支實付的醫療險，另外也推薦您失能保險300萬，讓您能夠安心打拼，讓家人可以安全無虞，真正讓您的家庭享受到幸福的感覺。」當你同時可以滿足客戶「愉快的感受」與「問題的解決」時，客戶就十分容易接受你的提案，當然成交的機會就會大增。

連續五個YES的超級話術

在日劇「Mr. Brain」第一集當中，木村拓哉扮演的腦科學家九十九龍介，要負責辦案的丹原警官說10次「青蛙」，丹原警官很不耐煩地說了10次「青蛙」之後，這時候龍介問了丹原警官：「大的蝌蚪是什麼？」這時候丹原警官回答：「青蛙！」但其實大的蝌蚪還是蝌蚪。為什麼會出現這樣的狀況呢？劇情的解釋是：因為大腦會記憶這些事前的情報，也就是之前看到或做過的事情，會影響接下來的動作與判斷。

銷售也是如此。如果你在吃中餐前，讓你看到拉麵的廣告或影片，那麼

你中餐吃拉麵的機會是不是會增加呢？會不會增加你吃拉麵的可能性？答案是：會的！這樣的心裡暗示其實非常廣泛地運用在銷售上，如果業務員懂得使用這種方法的話，就可以直接跟客戶的潛意識連結，進而達到成交。

連續五個YES的超級話術策略

根據心理學家研究，當人與人互動的時候，如果一個人連續五次同意對方的觀點，並且做出肯定的回答，如「是的」、「對的」、「YES」……到了第六個回答，他就難以說出否定的意見。這也就是說，如果客戶連續對你說了五次「對」，第六次他就很難說出「不對」。

在業務的實際運用上，我們可以根據這樣的研究結果，自行設計出五個問題，讓客戶連續說出五個「YES」，然後在第六個問題時直接切入重點，締結對方。舉例來說，一名業務人員要將退休規畫的保單推銷給客戶，但客戶現年只有三十六歲，現在談退休，客戶很可能會覺得太早了。這時，我們就要設計出五個「YES」：

1. 我們總有一天會退休，不是嗎？

2. 我們退休後都會想過更好的生活，不是嗎？

3. 如果希望退休時無憂無慮，那健康跟財務狀況都很重要，不是嗎？

4. 退休後的財務狀況要穩定，一定要提早做出規畫，不是嗎？

5. 所謂提早規畫，並不是提早個三年就夠了，而是必須從有能力時就開始先投資，到老了才能享受成果，不是嗎？

上面五個問題，幾乎所有人都會同意，客戶當然也不例外。當客戶連續同意了五次以後，第六個問題你便可切入「退休規畫」，由於他的思維模式已充分的被你引導，因此多半也會直覺的接受你的建議。

有一點必須注意的是，你設計的五個問題之間，必須具有正面的關聯性，才能真正影響客戶的心理狀態。任意的設計問題，勢必會變成這樣：

1. 今天天氣很好，不是嗎？

2. 冬至該吃湯圓，不是嗎？

3.每個人都應該拿到聖誕禮物，不是嗎？

客戶此時可能會OS：「你幹嘛問我這些？這跟你要談的主題有關係嗎？是來亂的喔！」問完一堆不相關的問題，最後才跟客戶提到要做退休規畫，那麼他對你恐怕很難產生信任。所以，五個問題之間一定要循序漸進、擁有明確的方向，而且環繞在同一個問題的架構中，當客戶在聽到這些問題時，才會願意認同你當下的說法。

最後，要是你夠細心，一定想要詢問，為何上述的五個問題中，句末對客戶的問法都是「不是嗎」？其實，一方面是因為「是嗎」太過直接，會讓客戶產生被質詢的心理狀態；另一方面也因為大腦聽不懂否定的字眼，所以當問法變成「不是嗎？」的時候，很多人常不知該如何回答，最後只好回答：「是啊！」建議你不妨盡量用這樣的方式當問句，有助於你多拿到一個「YES」。

聽出好績效

業務員通常給人什麼樣的印象呢？應該是很會說吧！這是大部分人對於業務員的形象。如果你去問一般的上班族：「你會想要當業務員嗎？」應該很多人會跟你說：「我口才不好，所以不能當業務員。」但是，當業務員真的要很會說、一直說、說到吐才能拿到訂單嗎？當然不是！

以前都認為業務員要很會說，但我認為比較好的溝通應該是：先傾聽！我所觀察的頂尖業務人員，他們通常都是先聽、後問、在說；而一般的新手業務則是先說、後說、一直說！這就是為什麼頂尖業務可以順利拿到訂單；

而一般業務員卻無法成交客戶的原因。

為什麼要先傾聽？因為傾聽可以幫助你找到對方的需求，當你銷售的時候，就可以針對客戶的需求來說明，這樣客戶當然比較容易成交！如果你不懂得傾聽的時候，你就無法真正了解客戶的需求，這時候不過就是說明完產品後，等待客戶決定要或不要，最慘的是有些業務員還是「說」到客戶不耐煩，等到被拒絕了還不知道發生什麼事情。因此，我們可以知道：傾聽，才是開啟成交的關鍵鑰匙！

五種聆聽層次，你在哪一級？

關於聆聽的程度，可以大至分為五個等級，分別是：完全不聽、假裝在聽、選擇性聽、專注傾聽跟同理心傾聽。大致說明如下：

完全不聽

這時候業務人員根本沒有想要傾聽的意思，對方所說的話根本沒有進到他的耳朵當中，他的世界當中只有自己跟產品，是客戶如無物，這種聆聽品質最差。一般來說，銷售人員不太可能出現這樣的行為。

假裝在聽

這時候業務人員一直看這自己的手機、做自己的事情，但是假裝聽到最方所說的，並且給予敷衍的回應。有些主管很容易發生這樣的狀況，就是部屬來到辦公室後，主管對部屬說：「我一邊忙一邊聽你講。」但實際上聽到的內容不多，只是為了敷衍部屬，這時候就是假裝在聽。以業務人員來說，這類型的比例也不高。

選擇在聽

這類型的人不管在業務人員，或是在一般人的相處當中，是最常見到的一種聆聽模式。這時候業務員耳中只聽得見自己想聽的事情，帶著答案找答案。有些業務人員知道傾聽的重要性，所以聽著客戶劈哩啪啦一直說，這時候業務員也不好意思打斷客戶，所以就呈現選擇性聽的狀態，只要客戶提到跟產品相關的訊息，才突然回神過來。

專注傾聽

專注傾聽就是業務人員專注地傾聽客戶的想法，還會在做筆記、記錄客戶所說的重點。這時候業務人員可以快速地釐清客戶的想法，等到銷售產品的時候，可以快速切入正題。

同理心傾聽

這是最好的傾聽狀況，會在下一章更詳細說明。

專注傾聽，讓客戶需求成為成交的利器！

當你專注傾聽的時候，你可以真正聽出客戶的需求，並且針對需求做出回應。那到底要怎麼做，才能做到專注傾聽呢？這時候你就需要專注傾聽的三大步驟！

步驟一：接收

這時候業務員的耳朵就要像衛星天線一樣，你在這個階段的時候，不能對客戶有預設立場，而是只要是收得到的內容，都要照單全收，這時候業務員不需要特別去接話、回話，而是客戶說到一個段落，或是有一些精采的說法時，你可以有一些回應，像是「哦！」、「是耶！」等語言上的反應。

步驟二：回應

很多人看到「回應」兩個字的時候，很容易會錯意，認為是要開始進行銷售。錯！當然不是！步驟二所提到的回應，並不是馬上回應對方的內容，而是先去釐清對方表達中不清楚的地方、有所遺漏的地方。像是：陳先生，不好意思，剛剛你說得不是很清楚，有點跳過去，可以請問那一次的購買經驗有什麼情況發生嗎？當時你的感受如何？夠過釐清這些不明白、沒說清楚的問題，業務員可以找到對方真正在乎的地方，然後對這些想法或一律做出回應！

步驟三：複述

所謂的複述，不是要你像鸚鵡一樣一字不漏背出來，而是用你理解的語言、是整合過的資料，讓客戶知道你真的有在聽。舉例來說：如果你是銷售家具的服務人員，聽完客戶的需求之後，你可以複述這樣的訊息給客戶：「所以吳小姐，您想要找三人做的沙發，所以想要偏活潑的色系，對嗎？」這時候客戶會感受到客戶真的知道你有在了解他的需求。是專注在聽的過程當中，非常重要的一個步驟！

專注傾聽的注意事項：用紙筆做記錄（最好取得客戶同意）、條列式記錄、重點式的記錄方式這樣你之後在複述的時候也比較容易。

同理心傾聽，創造客戶和你的連結

在談同理心傾聽之前，不知道讀者有沒有這樣的經驗：有時候你跟某些朋友，或者是第一次見面的朋友聊天，突然會湧上一種「他懂我！」的感覺，這時候你突然覺得他好了解你喔！其實不是因為他真的了解你，而是他的心跟你站在一起，而產生了情感上的共鳴。這，就是同理心！

我認為，同理心就是「站在對方的角度來看事情，跟對方連結在一起。」那什麼又是同理心傾聽呢？就是連結對方的情緒而不只是想法，你要跟對方連結在一起，要從對方的角度看事情。當我們可以跟對方站在一起的時候，

就可以體會到對方的想法、對方的感覺，跟對方產生了情感與思維上的連結。想要理解同理心最簡單的方法，就是換位思考，問自己：「如果站在對方的角度來看，我的想法、感覺會是什麼？」

透過剛剛的說明，我們可以發現「連結」是同理心傾聽中最重要的關鍵字，當你可以連結對方、站在對方的角度來思考時，這時候你可以去感受這樣的態度或作法是否讓你感覺到舒服，如果覺得舒服就沒有問題，如果覺得會讓人不舒服，那就要做一些調整。當你跟客戶在溝通的時候，如果你是站在對方的立場時，就可以覺察到自己所做的哪些行為、說的哪些話語，會讓對方覺得不開心、不舒服，這時候你就可以調整自己，讓對方感覺更好！

同理心傾聽是同理對方情緒，而不是猜心遊戲！

那業務員要如何做好同理心傾聽呢？其實非常簡單，這時候你要去觀察到對方的「非語言」的訊息，像是：倒抽一口氣、看地板、看天花板等，當你觀察這些訊息之後，再跟對方所說的話進行比對，把你的觀察點跟客戶確認。簡單來說，就是描述你觀察的非語言的線索，直接連結到對方的感受，語法大概是這麼說：「我觀察到你剛剛做了什麼事情，你是不是覺得有點什麼樣的情緒。」

舉例來說，當業務員跟客戶聊著一些事情，業務員也跟客戶解說了產品，結果客戶聽到商品定價的時候，馬上就沈默下來了，這時候你可以問對方：「剛剛我提到產品價格的時候，你就沈默不語，是不是感覺到有點壓力？」或者是保險業務員跟客戶聊天時，客戶提到過去理賠的經驗時，說話開始比較急促、大聲，而且雙手似乎還微微握拳，這時候你可以問客戶：「剛剛我提到過去理賠的經驗時，你的聲音變得有點大聲、急促，是不是過去的理賠經驗讓你感覺到憤怒？」這時候客戶就會產生：「啊！你懂我！」的感覺，這就是同理心傾聽。

那麼同理心傾聽跟專注傾聽有什麼不一樣呢？當你專注傾聽的時候，大部分都是在聽到對方的想法，所以是比較理性層面的傾聽；而在同理心傾聽的時候，這時候你先連結到對方的情緒，然後讓對方說出想法，這就是一種結合理性與感性的回應方式。正因為同理心傾聽需要比較多的情感詞彙，業務員就必須要累積更多的情感語言，來描述對方狀態。

正向情感詞彙：快樂、愉快、充滿愛、害羞、愉悅、放鬆

負向情感詞彙：憤怒、壓力、恐懼、害怕、擔心、緊張、不舒服

當你使用同理心傾聽的時候，有幾點必須要注意的事情：

第一、同理對方情緒，而不是同理對方的想法！

有些業務員聽到同理心傾聽的時候，往往會有一個毛病，就是全部認同對方的內容跟情緒，甚至跟他起鬨，忘記自己此行的目的。同理心傾聽是要同理對方的情緒，也就是理解對方的情緒，而不是認同對方的想法。假設你是保險業務員，當對方提到理賠問題而產生情緒的時候，如果你也陷入這樣的情緒中，並且認同對方的想法時，你要怎麼說明保單呢？所以這時候你應該做的事情是：同理對方的情緒，詢問當時發生什麼事情，先處理他的情緒之後，把客戶的想法引導到你要的方向，這樣才是正確的作法。

第二、要用疑問句，不要用肯定句！

如果眼尖的讀者，應該可以發現到剛剛的語法都是「疑問句」而不是「肯定句」。這是因為用肯定句時，就會一翻兩瞪眼，如果對方沒有這樣子情緒

的時候，那你就沒有下臺階了！

第三、不要濫用讀心術！

在市面上有很多書籍、課程，都在教導你如何觀察非語言的訊息，美國也有一部影集「Lie To Me」，講述的也是觀察非語言訊息，但是這些課程跟書籍常常會有些教條式準則，卻會造成人際溝通的盲點。舉例來說，有些書籍上會寫：當一個人雙手抱胸的時候，就代表他產生了防衛心，但實際上是這樣嗎？說不定剛好是冷氣口正對著他，所以感覺很冷而抱胸。有些則會告訴你：當一個人對你說的話沒興趣的時候，他會往後傾，甚至攤在沙發上，但事實真的是這樣嗎？說不定有些人就是喜歡躺沙發的感覺，而不是對你所說的話沒興趣！

所以，在使用同理心傾聽的時候，一定要保持客觀的狀態，去說明你所觀察到的訊息，而不是猜測對方的想法，這樣你才能真正去連結對方的情緒、想法。當你有了先入為主的想法時，當然沒有辦法真正傾聽對方的一切，包括情緒、想法，甚至是弦外之音。我建議讀者：當你傾聽的時候，一定要好好地聽，把所有的心力放在對方身上，不要有任何批判、猜測，放空你的心，讓你的心跟對方連結在一起，對方自然也會感受到你的用心，願意敞開心胸跟你溝通！

問出高業績

提問，是頂尖業務員必備的技能。當你問對問題的時候，業績自然會水漲船高，當你問錯問題的時候，業績自然沒有起色。一般業務員，尤其是新手業務，通常都不敢問對方問題。但是因為你不敢問問題，所以你根本無法了解客戶需求，自然就無法順利成交。

我們先想像一個場景，某A是家電賣場的服務人員，這時候有一對夫妻走進了賣場，然後跟A說：「我們要買電視。」然後A就帶他們到電視專區，他們看了一下又說：「我們要大一點的電視。」這時候A若有所悟，開始推

銷他們60吋大螢幕的好處，可以讓客廳化身為家庭劇院，這時候A使出所有的話術，客戶聽得昏頭轉向，結果他們還是離開了賣場。這時候A或許心中就會OS：「哎呀！就是沒有要買，根本都是來亂的、來探聽價錢的吧！」

到了下一家的賣場，另外一個服務人員B來接待這對夫妻，這時候B問他們：「兩位需要哪些服務？」他們說：「我們要買電視。」然後B帶他們到電視專區之後，這對夫妻看了一下依然問道：「我們要大一點的電視！」這時候B就問他們：「你們大概要多大的電視呢？」沒想到這對夫妻說：「我們也不知道要多大耶！」B接著繼續問：「那你們是打算放在哪邊呢？是電視櫃上還是要掛在牆壁上？」這時候太太說：「我們是要放在電視櫃上的。其實我們是剛換房子，本來住在10坪大的套房，所以都是用電腦看電視。有了小孩之後，打算搬到兩房一廳的房子，所以想要買大一點的電視放在客廳。」這時候B對著夫妻說：「那麼大概是多大的房子呢？客廳大約是幾坪？」丈夫回答：「房子大概25坪上下，客廳將近10坪。」B想了一下對他們說：「那我建議你們用這台35吋的電視，這樣比較適合你們的客廳。」於是他們聽了B的建議，買了這台電視。

是什麼原因造成這A、B兩位服務人員迥然不同的結果？答案就是：提問！所以接下來我會教你如何透過簡單四步，就可以找到客戶的需求，提昇業務員人的業績。

簡單四步，讓你問出高業績

在說明提問的四步驟之前，有個非常重要的前提，那就是：你的狀態如何？很多業務人員怕問客戶問題，所以造成像是A服務人員的情況，錯失了一筆業績。所以業務人員一定要抱持這樣的心態：不清楚就問，別不敢問。不要覺得有問題卻還是假裝知道，這樣對你一點用都沒有！

第一步：多問蒐集資訊的問題：

當你剛接觸客戶的時候，這時候你對客戶完全一無所知，所以不知道他對於消費的想法、預算等，所以第一步就是蒐集客戶這些資訊。舉例來說，客戶想要買筆電，這時候你可以問客戶：「通常筆電是用來工作，還是有其他用途？」、「通常買筆電的預算是多少？」、「有其他的人會使用嗎？」、「有喜歡或不喜歡哪些品牌嗎？」這些都是蒐集對方的資訊，好讓你了解對方的需求。

第二步：蒐集跟產品有關的資訊！

當你大致了解對方的基本需求之後，就可以開始問客戶關於產品的資訊，像是：「在選購筆電的時候，你最重視的是什麼？品牌、價格、國貨，還是品質？」、「你會希望產品可以幫你解決什麼樣的問題？」、「你會希望產品的外觀長怎樣？」等問題，是幫助業務員去篩選客戶所需要的產品。

第三步：運用在產品說明中，問對方：這部份清楚嗎？會不會太快了？

把第一步、第二步所得到的資訊綜合之後，這時候你應該會拿出最接近客戶需求的產品，然後開始跟客戶解說「為什麼你推薦這樣的產品。」延續筆電的例子，假設客戶說想要一台白色筆電、沒有品牌需求、家人偶爾會一起使用、希望筆電可以有比較好的繪圖功能，因為客戶是美工人員，可以把工作帶回家做。這時候業務人員拿出一台白色A牌的筆電，因為客戶需要繪圖，所以顯示卡的規格比較高，CPU的等級也比較好；因為客戶有家人會使用，所以不需要指紋解鎖的功能等。

業務員把筆電拿到展示台上，開始對著客戶解說這台筆電的功能。有些業務員會劈哩啪啦對客戶說了一堆專業術語，但這是業務大忌！除非對方夠專業，不然一位優秀的業務員必須要能夠白話地讓客戶知道產品功能，而不是賣弄專業。同時還是適時地停下來，詢問客戶對這個階段的解說是否有疑問。在這個階段要常常問客戶：「我講的部份有沒有不清楚？」、「我會不會講太快？」這樣才能讓客戶參與互動，提高成交的機會！

第四步：締結時多丟一些有壓力感覺的問題。

當業務員進行到這一步的時候，你可以拋出一些有點壓力的問題，像是：「這台最近很熱賣，我需不需要幫你看一下有沒有庫存？」、「最近老師的課程比較滿，我需要幫你確認一下老師的時間嗎？」透過這些問題，可以讓客戶感覺到時間的壓力，加速客戶成交的時間。

設計問句的原則！

那業務員要如何設計這些問句呢？最簡單的方法就是5W1H。

5W：When 何時、Where 何地、Who 誰、What 什麼、Why 為什麼

1H：How 如何。

When：確定時間。詢問客戶什麼時候需要商品或服務、打算什麼時候簽約等等，都可以用這樣的方式。像是：「您打算什麼時候送到？」、「您想要什麼時候簽約？是下週二還是下週三？」

Where：確定地點。這個問句是詢問客戶在哪裡使用產品，或者是要把貨物送到哪邊等。像是：「您常常去寒帶出差嗎？如果是的話，我會推薦你是用這款不容易起霧的眼鏡。」、「您的客廳有多大呢？如果客廳大的話，我會推薦比較大螢幕的電視！」

Who：確定人。了解產品或服務是要是客戶自己使用，還是他人要使用。像是：「這隻手錶是要送給誰呢？」、「電腦是自己會使用，還是有其他人會共用？」這些都是Who的問題範圍。

What：確定商品用途。詢問客戶打算要把產品用在哪裡，才能提供客戶最好的產品。像是：「您的筆電是要工作用還是用來玩遊戲？」、「買電動螺絲起子是用來作什麼呢？」

Why：為什麼要購買。購買產品的理由，當你了解客戶購買產品的理由，你才能針對這些理由做出最好的回應。像是：「你為什麼想要換一台新筆電？」、「為什麼想要投保意外險？」

How：如何做。這個問題的運用範圍很廣，最常見的就是：付款。像是：「您打算如何付款呢？刷卡還是現金？」除此之外，還有：「想要採用什麼樣的運送方法？」、「想要如何使用這項服務？」等都可以用How的問句來提問。

不管是哪一種問句，其實最重要的核心在於：讓客戶享有「愉快的感受」，並且確實「解決客戶的問題」，所有的問題出發點應該要圍繞這個核心出發，這樣就能真正問到客戶的心坎裡，創造出亮眼的績效。當你解決越多人的問題，你的成績當然就會越好！

說故事的超級影響力

《說故事的力量》的第一章提到，一位家族事業的第三代要就任執行長，但是股東們對於這位新任的執行長有疑慮，所以這位執行長必須要說服這些股東們。這位執行長並沒有滔滔不絕地雄辯，反而是訴說了一段故事，故事當中說明他在工作的時候曾經因為自負，差點犯下無可挽回的錯誤，還好是有一個部屬提醒他，讓他免於犯錯。透過這個故事，這位執行長傳遞給股東們的訊息是：我會願意聆聽員工的聲音，不會再因為自負而犯錯。最後股東們同意了這項人事命令。

曾經聽過一句話：故事是最能影響別人的數據。我覺得這句話說得真好！有時候影響別人不見得是有多詳盡的數據，而是簡單一個故事。透過故事，可以讓人們有無限的想像力，並且影響別人對你的觀感。而業務員要說的故事，並不見得是完整的描述，只要是符合你要的結果就好。

說一個好故事！

身為一位業務人員，你要說什麼樣的故事呢？其實最好的故事就是你的經驗，再來就是他人的經驗。自己的經驗包括了發生在自己身上的事情，也有可能是自己跟客戶所發生的事情，這就是屬於你的經驗。如果你的業務資歷表較深，那麼最好都是用自己的經驗。他人的經驗則是別人發生的事情，包括客戶自己發生的事情。如果你是業務新手，自己的客戶比較少，就需要他人經驗來輔助。那要挑哪些經驗呢？這時候要挑你有感覺的故事，千萬不要講得好像自己的經驗，因為客戶問多了就漏餡了！

說故事的要點：

要點一：感官話的語言：

說故事時要有想像的過程，也就是要讓客戶看到、聽到、感覺到，最好的方法就是：講故事的時候，讓腦海回到那個當下。假設你今天是保險業務員，要說一個保險相關的故事，剛好你有一個過去的經驗，你可以這樣說：

幾年前，我對保險很反感。那時候我都覺得保險公司都在騙人。我的第一張保單是跟最好的朋友買，那時候我們到了台北車站的一間咖啡廳，我點了一杯美式咖啡，眼睛看著窗外的天空，結果朋友說得天花亂墜，我都沒有回應。最後我淡淡對他說：「我捧你的場，其他不要再說了。」三年前，我當時因為業務需要，必須要一天內開車從台北到高雄、然後再從高雄到台東。因為疲勞駕駛的關係，後來在南迴公路上的地方，撞上車道旁的山壁，結果住院了好幾天。朋友來看我的時候，還特別叮嚀我，告訴我當初規劃保單有實支實付的險種，可以跟保險公司理賠，減少我的損失。我那時候才發現：啊！保險真的太重要了！

這一段故事當中，用一些感官的用語跟確切的地點，像是：台北車站、窗外的天空、叮嚀我等，透過這些用語，可以把客戶帶進你的故事場景，會讓人更有感覺。

要點二：善用比喻：

業務員所銷售的產品，不見得每一個人都能體會；再說故事的時候也是，有時候你形容的事物，不見得有些人可以理解。這時候懂得譬喻就很重要！這類型的語法是：這種感覺就像是「某事物」、這種事物就像是「什麼」。舉例來說，當你要說明保險觀念的時候，你可以說：「保險就像是救生衣，就像是車子的備胎，沒用的時候會覺得是累贅，但是需要錢的時候，就可派上用場。」

同樣地，這種方法也可用來回答比較概念性的問題。有時候學員問我：「老師，有沒有那種一次見效的課程？」我就會回答學員：「其實課程就像是保健食品，需要長期服用。如果你想要一次見效的藥物，那只有一種藥，保證一吃見效，那就是：毒藥！」學員聽到我的回答之後，一定會哈哈大笑，然後理解到課程絕對不是「一次見效」。

要點三：說故事時可以找佐證、見證。

對於業務員來說，與其告訴客戶產品有多好，倒不如說體驗產品的故事，還能更加打動人心，這樣的方法在組織行銷公司最常見。有些公司不會直接告訴客戶吃這一項健康食品的好處，但是他直接拿出一張照片，告訴客戶左邊是客戶使用前的照片、右邊是使用後的照片，當客戶看到左邊滿臉豆花、右邊滿臉光滑的時候，客戶買單的機會就會提高！

要注意的是：你在使用這個方法的時候，最好可以有影片、照片、道具等，所以你平常就需要有所準備，這樣才不會上場的時候，臨時找不到工具，那反而會讓客戶看笑話。

要點四：短時間內對三個人說。

學會說故事最好的方法：聽到故事之後在最短時間內跟三個人說！這時候會加深自己的記憶！並且在敘述的過程當中，可以不斷修正自己的說法；當然你也可以請這三個人給你一些回櫃意見，讓你的故事更加精采！

要點五：絕對不說這些故事

身為業務人員，當你在說故事的時候，一定要記住，千萬不要說以下的故事：

- 批評同業的故事：批評同業不會讓你變得更高尚，保持自己的格調，反而讓客戶喜歡你。
- 洩漏隱私、個資：敘述故事的時候，千萬不要洩漏客戶的資料，這樣不但會造成別人困擾，也會讓客戶不信任你。
- 不虛構故事：虛構的故事讓人感覺到不真實，一旦被發現是虛構的故事，別人對你的信任也對打折，絕對是得不償失。

人們都喜歡聽故事，當然也喜歡說故事。有時候我們聽到一個好故事，就會跟朋友分享，希望朋友也能聽到這樣的好故事。所以，如果業務人員懂得說故事的技巧，可以說出一則則的好故事，那麼客戶也有可能分享給他的朋友知道，說不定還會幫你轉介紹客戶！

第五章

網路時代，

讓客戶追著你買東西的密技

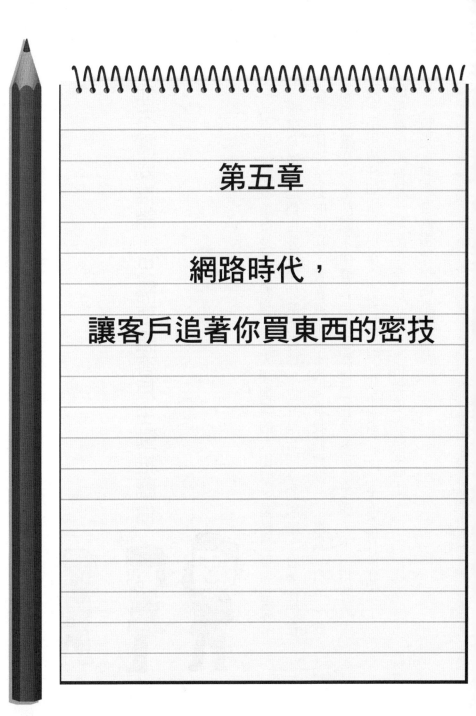

你不需要推銷，只需要讓客戶主動推薦你

不知道讀者是不是常常看到，在人潮洶湧的大街旁，業務員努力地發著一張張DM，他們也許是房仲業的夥伴，也許是新開幕的店家，看著他們在烈日下揮汗辛勤的工作，實在佩服又不捨。讓我們轉換一下場景，另外一些業務員選擇以電話陌生開發客戶，雖然他們在冷氣房中工作，不用頂著大太陽、不用揮汗如雨。但是，面對一通通「我不需要」、「不要再打電話來了」的拒絕，總像是一記記重拳打在心上，也夠讓人難受的了。

但是，我們真的需要不斷推銷嗎？

暢銷書「銷售聖經」作者傑佛瑞・基特瑪提供了另外一種思維，他強調：「陌生開發的電話哩，95%的客戶會拒絕你；但，主動跟業務員聯繫的客戶，卻95%會成交！」也就是說，想要做好銷售，並非不斷地推銷產品或服務、也不是一直尋找新客戶，而是要讓客戶喜歡你、主動找你購買，這也是頂尖業務人員最重要的秘訣！

在過去，這樣的觀念說起來很容易，但是做起來不簡單；但是進入網路世代之後、當我們面對Facebook、LINE等網路社群已經成為生活中的重要一部分時，業務員的銷售思維也必須隨之調整，才能夠真正符合這世代的需求。

網路銷售策略讓你成為客戶的焦點！

在網路時代的客戶有一些特點，像是：透過網路搜尋所有資訊，包含你的產品和你的競爭對手產品、他們會在網路上寫下感受，讓全世界都知道、他們整天都在使用網路和智慧型裝置、他們需要別人的推薦或見證，因此相信網路上的評價。所以，當業務員面對顧客消費習性的轉變，與其排斥，還不如面對接受，運用有效的策略來因應，你可以這樣做：

㈠持續提供有效的資訊，讓你的客戶或潛在客戶追隨你：我在我的粉絲團「業務銷售加油站」，做的就是這件事情，站在顧客的角度思考，幫助他們解決問題，他們就會以倍數的好回應來回饋你。

㈡建立良好的互動，從虛擬世界走向真實關係：雖然現代人活在社群網路世界，不代表大家不重視真實的人際互動，相反的，社群媒體只是媒介，讓人際關係的串聯變得更容易，因此舉辦如：讀書會、茶會、分享會等實體活動，就可以創造機會，讓自己和網路社群的朋友面對面，是建立緊密人際連結的重要關鍵。

㈢持續提供有價值的服務，讓老客戶滿意、新客戶心動：銷售賣的不是商品，而是商品的價值。當客戶感受到價值，價格往往就不是問題，網路讓服務變得更快速輕鬆，千萬別一直想著「要在網路上把商品銷售出去」，而是要想辦法「透過網路提升服務的價值，讓客戶願意主動跟你聯繫，甚至，願意為你轉介紹客戶」。

㈣透過網路社群，讓個人品牌更加鮮明：客戶購買的不只是商品，還有…你，同樣的商品，顧客可以選擇跟不同業務員購買，為什麼選擇「你」？

新時代的業務員必須把自己當成品牌經營，而網路社群就是經營個人品牌最簡單且划算的工具，謹慎網路發言，建構一致的個人品牌形象是非常重要的課題。

客戶不會無緣無故推薦你，只要你持之以恆做對的事，「讓顧客主動推薦你」不是夢想，而是可實現的目標。

打造你的網路品牌！

我們之前有提到「個人品牌」的重要性，而這一章就是告訴你：如何打造自己的網路品牌。相信有些人會問：「老師！為什麼要建立網路品牌？我們做好服務，就是在打造自己的品牌啦！」這問題問得非常好！首先，網路是一個非常快速工具，所以在網路上可以快速拉近你跟客戶間的互動。

其次，打造網路品牌，就是業務員的網路行銷方法。很多人會誤會，建立網路行銷就是要像雅虎、PChome等網路商城一樣，在網路上賣東西。但事實上並非如此，業務員建立網路品牌、網路的業務行銷，並不是要業務員建

立像是雅虎、PChome等網路商城，更不是要業務員在網路上賣東西，而是有兩個很重要的目的：

• 第一個目的：讓老客戶了解自己的動向。

在過去，當業務員銷售之後，客戶對於業務員的狀態是一無所知；但是在網路時代，業務員可以透過ＦＢ，讓客戶知道你的動向，包括你所做的努力、你的付出，還有你的學習。這樣可以讓客戶更加認識你，也更加信任你。

• 第二個目的：建立新客戶對你的第一印象。

建立網路品牌，不只讓老客戶了解業務員的動向，還可以建立新客戶對你的第一印象。我曾經聽過一位企業人資提過，當他面試新人的時候，除了看履歷之外，還會上網搜尋一下對方的資料，包括臉書的內容等。同樣地，當你打造自己的網路品牌之後，新客戶可以透過你的臉書、過去的經歷，建立起對你的第一印象。當你的印象夠好，客戶自己就會願意自己找上你，增加更多的業務機會。

如何定位網路個人品牌？

其實不管是老客戶還是新客戶，都是在建立業務員在客戶心中的形象，只要做好這件事情，可以讓業務員如虎添翼。那麼，業務員要如何做好網路品牌呢？第一步就是定位你的個人品牌，也就是塑造你在客戶中的形象。

那應該要如何做好個人品牌定位呢？其實有一個很簡單的公式，就是：

1個突出特質（形容詞）＋1個高價值角色（名詞）

是不是還覺得非常模糊呢？那我舉幾個例子讓讀者了解，像是：正向陽光的知識分享者、專注細節的服務高手、熱情貼心的社區好鄰居（房仲業務員）等。以我自己來說，我就是用「正向陽光的知識分享者」作為網路的品牌的定位，所以不管在臉書上、粉絲團上，我所發佈的影片、轉發的訊息或自己撰寫的文字，都是謹守這樣的定位，才能讓客戶對於這個定位更深刻。

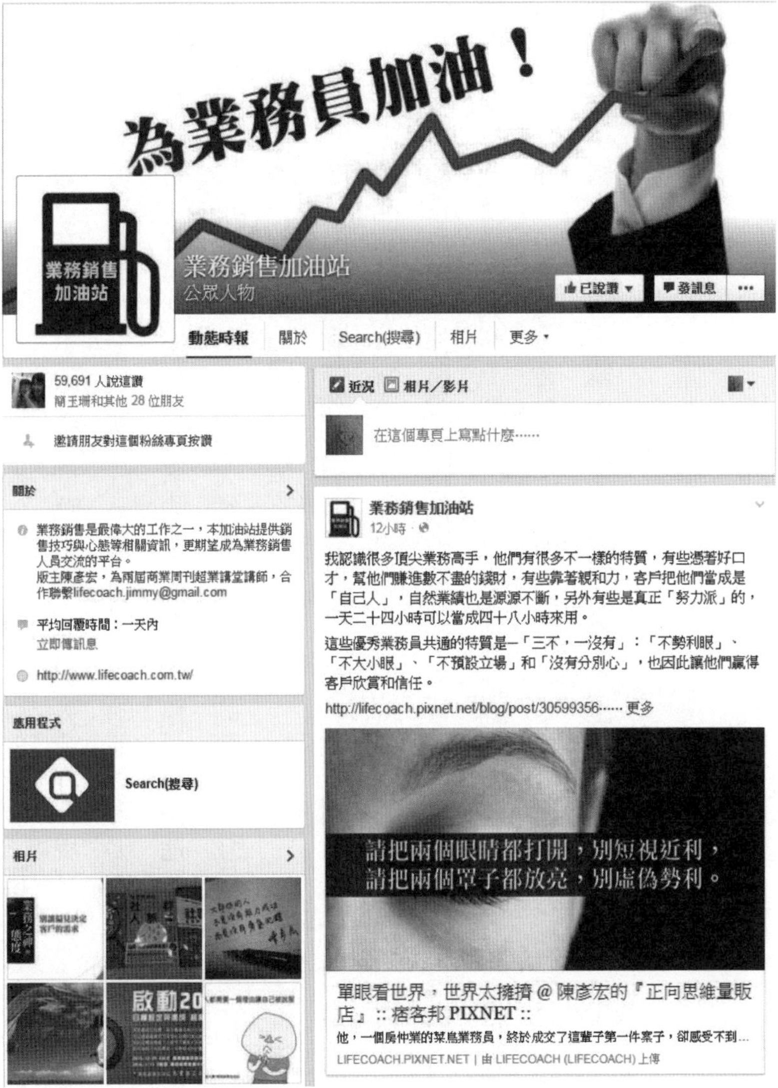
為業務員加油！
業務銷售加油站
業務銷售加油站
公眾人物
已說讚
發訊息
動態時報
關於
Search(搜尋)
相片
更多
59,691 人說這讚
簡玉珊和其他 28 位朋友
邀請朋友對這個粉絲專頁按讚
關於
業務銷售是最偉大的工作之一，本加油站提供銷售技巧與心態等相關資訊，更期望成為業務銷售人員交流的平台。
版主陳彥宏，為兩屆商業周刊超業講堂講師，合作聯繫lifecoach.jimmy@gmail.com
平均回覆時間：一天內
立即傳訊息
http://www.lifecoach.com.tw/
應用程式
Search(搜尋)
相片
近況
相片／影片
在這個專頁上寫點什麼……
業務銷售加油站
12小時
我認識很多頂尖業務高手，他們有很多不一樣的特質，有些憑著好口才，幫他們賺進數不盡的錢財，有些靠著親和力，客戶把他們當成是「自己人」，自然業績也是源源不斷，另外有些是真正「努力派」的，一天二十四小時可以當成四十八小時來用。
這些優秀業務員共通的特質是一「三不，一沒有」：「不勢利眼」、「不大小眼」、「不預設立場」和「沒有分別心」，也因此讓他們贏得客戶欣賞和信任。
http://lifecoach.pixnet.net/blog/post/30599356…… 更多
請把兩個眼睛都打開，別短視近利，
請把兩個罩子都放亮，別虛偽勢利。
單眼看世界，世界太擁擠 @ 陳彥宏的『正向思維量販店』 :: 痞客邦 PIXNET ::
他，一個房仲業的菜鳥業務員，終於成交了這輩子第一件案子，卻感受不到…
LIFECOACH.PIXNET.NET | 由 LIFECOACH (LIFECOACH) 上傳

其實，網路是一個虛擬的空間，可以塑造不同的形象。即便你是一個害羞的人，也可以在網路上成為一個萬人迷；有些人或許在現實中並沒有多大的影響力，但是在網路上，或許就是個一呼百諾的部落客，所以絕對不能小看網路的力量。但是我要提醒讀者的是：雖然網路可以塑造自己的形象，但是一定要有「一致性」！有很多人卻濫用了這樣的特性，往往在現實上跟網路上的形象不一致，反而讓人看破手腳。

舉例來說，有些人在工作上對主管唯唯諾諾、拍上司的馬屁，但是在臉書卻是對主管開砲，把主管罵得一文不值，短期內或許不會被發現，時間一久當然有可能被發現，你所說的跟你所做的不一致，自然就無法被信任。同樣地，如果業務員在網路上把自己定位成「專注細節的服務高手」，但是卻常常丟三落四，這樣怎麼會是專注細節的服務高手呢？所以千萬要注意：你的形象定位跟你的人要一致，這樣才會讓客戶更有真實感！

爭取按讚與分享推薦的關鍵

在網路社群的使用上，Facebook 應該是台灣最常使用的社群網站，再來就是LINE，所以業務員想要建立網路形象，我會建議使用這兩種社群軟體為主；所以在這一章當中，我要分享經營ＦＢ粉絲團的經驗，以及一些小撇步。

想要透過網路打造你的網路品牌，首先你必須要有一個立足點，這就像是你在開店面一樣，要在網路上擁有屬於自己的店面。這個立足點可以是ＦＢ的粉絲團、也可以是LINE@，當然也可以是部落格。如果是剛起步，會建議先使用ＦＢ粉絲團，這是最簡單、最容易入手的一項工具，再來就是學習如何使用 LINE@，等到這兩樣工具擁有大量的粉絲時，最好可以建立自己的部落格，也就是你在網路上的豪華旗艦店。當你建立屬於自己的部落格時，可以將ＦＢ、LINE@的粉絲群都納入這個旗艦店，這樣你在三方都有基地，不管哪一個地方被檢舉或封鎖，都可以有其他的站體來支援。

讓客戶按讚與分享，拓展更多的客群

當你有了ＦＢ這個立足點之後，這時候你就要讓客戶懂得幫你按讚。為什麼讓客戶按讚這麼重要？因為透過社群媒體的好處，就可以讓客戶幫你背書、無形當中幫你轉介紹。怎麼說呢？這必須要從一個案例談起：有一次，我看到臉書上的朋友幫一個「男性穿搭服務」粉絲團按讚，是專門教男生怎麼穿衣服，當我點開粉絲團的內容時，發現它其實就是一家服飾店，一次只服務一個人，只要說明你的需求，他們就會幫你做好搭配，讓你在活動當中可以與眾不同。我看到這個粉絲團之後，其實也有考慮過：以後有重要場合，也可以找他們幫忙穿搭。雖然目前我尚未跟他們消費，但我還是列入考慮名單。

同樣地，如果你建立了粉絲團，當其中的粉絲朋友幫你按讚之後，他的朋友也會看到你的粉絲團，如果他也有興趣，當他按讚之後，他的朋友一樣也會看到，這時候就能夠發揮網路無遠弗屆的力量。一般來說，在FB上連結度由高到低的排序是：分享>留言>按讚。也就是說，如果讓客戶幫你分享是最棒的選擇，其次是客戶留言，最後才是客戶在臉書按讚。既然分享這麼重要，那麼要如何讓客戶分享你的貼文呢？關鍵在於「三好」！

好笑：

好笑的東西會讓人分享，所以臉書上每天都有很多的笑話或是搞笑圖。

好哭：

感動人心的影片或故事會想要讓人分享，像是國泰人壽「盲人小鼓手」的影片，或者是泰國保險公司所拍攝的「醫藥費」感人影片，都是屬於這個類型。

好有用：

貼文的訊息有自己或朋友有幫助，這時候朋友就會願意分享。但是這貼文分享的內容要跟你的網路形象有關係，是針對你的產業、你的專業，丟出相關的訊息，這樣才會獲得共鳴。

網路貼文的五點注意事項

前面有提到「三好」讓人願意分享，那麼在分享這些貼文的時候，還是需要有一些注意事項，否則會讓這些貼文事半功倍。以下我羅列了五點注意事項，提醒讀者注意：

1. 適合手機閱讀：

現在幾乎是人手一支智慧型手機的時代，所以你的貼文一定要適合手機閱讀。如果是部落格的話，也要選擇可以跟手機相容的平台，這樣才能確保你的訊息可以讓客戶看到。

2.圖文並茂，圖比文章還要重要：

不管是閱讀部落格或是在臉書貼文，都可以發現到：如果只有純文章的話，網友的閱讀率跟分享率都會比較低；但是如果有圖片加上文字的時候，分享的機率都比純文章來得高。

3.善用多媒體video、直播：

隨著手機功能越來越強大，開始有許多的影片APP，可以做一些簡單的影片後製，這時候每個人都是個小媒體，甚至知名媒體還引用社群網路上爆料，當做是新聞的來源。而FB上也是如此，只要你申請藍勾勾通過之後，就可以使用直播的功能，也可以讓客戶同步你的狀態。

4.多元性：

你的貼文不要一直發同一屬性，要變換。以我的粉絲團來說，我所貼的文章大部分都是業務相關，但是有時候也會貼一些笑話或是資訊，轉換一下嚴肅的氣氛，但不管怎麼貼，一定要符合你的網路形象，這樣才能夠有一致性！

5.間隔性：

不要連續的東西一直po，也不要一直po文，最少間隔1小時。假設我去日本玩，然後短時間內貼同樣的美食文，這樣按讚數跟分享的人就會越來越少；但如果可以一下子貼美食文、然後貼風景文，有時候可以描述一下當地的人文風景，這樣客戶願意按讚的機會就會增加喔！

學會這兩件事，你就能擴大影響力

想要在網路上創造高人氣，有人會用繪圖來讓人會心一笑，也有人會製作影音動畫，讓粉絲團的讚數增加。但是，如果你不會畫畫、不會做動畫影音的時候，如何在網路世界中勝出呢？其實非常地簡單，如果想要在網路中創造影響力，就需要有「兩力」：文字力、公眾演說力。

我認為，「文字力」跟「公眾演說力」是網路傳播最重要的兩樣武器。首先，這兩樣武器跟繪圖、製作動畫影音等相比，相對容易入門。再來，這兩樣武器不需要多複雜的軟體技能，而是全憑自己的能力。最後，這兩樣對

於業務人員來說，其實是最基本的功力，也就是將平常所做的事情，轉換到網路上而已！

文字力，業務員的倚天劍！

在網路上，不管是透過FB、Twitter、LINE或者是微信，文字是最基本、也是最常見的溝通工具。要怎樣運用文字的能力，除了是平常的閱讀之外，更重要的是常常寫，很多部落客剛開始的時候，文筆也不是太好，但是常常寫之後，網友就會給予一些意見，也可以透過按讚數、留言跟分享來判斷那些議題跟文字的感覺，是客戶會喜歡的類型。

在文字表現上，不同的平台有有不同的文字運用方式。以部落格來說，通常會放的文字都是比較多、篇幅比較長的文章；如果是在FB、LINE等社群平台上，那麼你的文字就要相對精鍊，不能夠寫個萬言書，因為根本不會有人看。在網路使用文字力時，最重要的就是「持之以恆」，雖然剛開始的時候，你會覺得回應不多，甚至讓你逐漸喪失動力，但是只要當你把這些事情持續做，說不定還會有一些額外的贊助會出現呢！

我在LINE@上有一個帳號，我幾乎每天都會寫一些簡單的業務心語，讓學員可以收到這些鼓勵的話，每天都有正面的能量，來面對每天龐大的壓力。但是因為發的訊息太多，超過了LINE@的上限量，這樣LINE要跟我收取較高的費用，每個月會多出好幾萬元，於是我跟這些學員宣布要減少訊息量，沒想到這些學員都紛紛跟我說：「老師！我們願意付費，你每天繼續發訊息好嗎？」這樣的反應讓我有點詫異，同時也印證了文字的威力：只要你持續產出好的文字，別人也會感受到你的用心！

公眾演說力，業務員的屠龍刀！

除了文字力之外，要能夠真正展現業務員的魅力，就需要有「公眾演說力」！她就像是屠龍刀一樣，如果你能發揮公眾演說的魅力，那麼你的客戶就會成為你的粉絲。

業務員要在網路上進行公眾演說有兩種方法：第一種是把你演說的內容拍成影片，在網路上面播放，這時候你可以就專業的領域，進行相關的說明。舉例來說，在美國有一個印度裔的基金分析員薩爾曼・可汗（Salman

Khan），原本他只是擔任表妹的數學家教，讓表妹的數學成績越來越好，很多人因此慕名而來，為了使更多人受益，他將 4800 支教學影片放到 Youtube 上，成立了免費網路學院，讓更多窮人都能受益。

第二種方法就是透過你的文字、你的經驗，讓其他的單位願意找你去演說。以我來說，我持續用心的經營FB跟 LINE@，很多網友看到了我的專業內容，所以找我去他們單位演說，甚至是教導他們業務的技巧，這些都是屬於第二種公眾演說的方式。

行銷的腦袋、業務的手腳！

進入網路時代之後，許多的產業的模式不斷地打破、再造，業務的領域也是如此。想要成為新時代的業務員，如果還是按照既有的業務模式來推廣，肯定是事倍功半。那麼，新時代的業務員需要有那些能力呢？簡單的地說就是：行銷的腦袋、業務的手腳。

在網路上，我們面對著所有的消費者，但是我們卻無法跟他們對話。這時候就需要有「行銷腦」進入，幫助業務員來找到對你產品有興趣的客戶；

找到客戶之後，就需要有「業務腳」，勤快地跟客戶聯繫，這樣一來才能創造訂單！

但是，很弔詭的事情是：「行銷」跟「業務」是不同的工作型態，喜歡做網路行銷的人，通常是喜歡在家中、辦公室中跟客戶溝通的人，而業務原則是喜歡跟人面對面聊天，溝通彼此的想法，這兩個不同屬性的腦袋要同時具備，相對不容易，所以我們可以發現，頂尖的業務必須要融合這兩種腦袋，如果沒辦法同時具備這兩種腦袋時，就一定要找人合作，這樣才能發揮加成的效果。

虛實整合的活動，讓顧客為你瘋狂

業務員經營網路形象的目的，是在於虛實整合，而非電子商務。也就是說，網路是業務員接觸更多人的媒介，但要談成業務，就必須要讓網友跟業務員碰面，這樣才有進一步的機會。能夠創造網友跟你見面的機會，就是舉辦「虛實整合」的活動，才能夠讓客戶跟你有更多的連結。

虛實整合活動，籠絡客戶的心！

我在經營「業務銷售加油站」時，除了定期發文之外，就是透過舉辦虛

業務銷售加油站
8月25日
各位業務夥伴，你容易被客戶的哪一句話惹毛？
即日起至8/31晚上10:00止
我會從留言中選出5個經典金句，送你我的插畫家朋友趙大鼻的可愛手繪貼圖喔。
一句話惹毛業務員
徵稿送貼圖

實整合的活動，來凝聚學員跟粉絲的心！有一陣子網路上發起「一句話惹毛設計師」、「一句話惹毛服務業」等活動，搭著這樣的流行風潮，我也發佈了一個活動，就是：一句話惹毛業務員。然後我會在期限當中，選出5個經典金句，送出插畫家朋友的手繪貼圖，結果學員參與度非常高，當然也就創造我跟網友的連結。

除了一句話惹毛業務員之外，我還有舉辦過「一起看電影」、「業務工作對我而言就像是ＯＯＯ」、「一句話惹得人心花怒放」等活動，其實都是凝聚網友的活動，而這些活動的設計，還是得要依照你的個人品牌定位，來舉辦符合定位的活動。舉例來說，如果定位在「正向陽光的分享者」，那麼就不會去舉辦「每天來點負能量」的活動；如果是定位在「專注細節的服務高手」，就不要舉辦「幹譙大會」、「服務業的辛酸史」等活動，這樣才能符合你的定位。但如果粉絲團是在討論服務業辛酸的時候，就可以舉辦「服務業的辛酸史」，當你的定位跟活動一致的時候，就可以吸引對的人參與，讓活動更加精采！

五大原則，打造熱門活動！

想要打造好的活動，有一些原則需要遵守，不然活動看起來很精采，但是卻沒有人參加，這樣就失去活動的原意。

打造「受歡迎活動」的五大原則：

1. 規則越簡單越好

很多人創造活動的時候，會用一些複雜的規則，卻無法吸引網友參加，效果自然大打折扣。像是：「免費來看星際大戰」的活動，但是卻要求看過之前全部的電影還有小說，還要化妝入場，這樣的規則就非常複雜，參加的人當然就很少。所以，規則要越簡單越好。

2. 搭時事議題便車

就像我之前的「一句話惹毛業務員」，就是搭上網路的熱潮。除此之外，像是電影、新聞、時事等，都是舉辦活動的話題。

3. 時間和限制要清楚

舉辦活動的時候，規則、限制跟截止日期很重要，特別是活動截止日期。有些活動截止日期寫著：七月三十一日截止，但到底是七月三十一日下午五點呢？還是下午的11點59分？這時候就會有異議。所以，辦活動的時候規則、限制跟截止日期要越清楚越好。

4. 即時回應粉絲問題

在辦活動的時候，一定有些人對於活動有疑義，或者是不是很清楚參加規則，所以會傳訊息給主辦人。這時候身為主辦者，一定要快速回答粉絲的問題，因為這時候是參與者最積極的時候，如果拖個一、兩天才回覆，那時候參與者已經興趣缺缺，參與度自然會下降。

5.可虛實整合

在舉辦活動的時候，要可以虛實整合，「虛」是指網路、「實」指的是現實，透過結合網路與實體，可以創造你跟網友的真實接觸，這樣才能創造出更多的業務機會。

透過這五大原則，業務員可以依照自己的產業，結合網路與實體，發展出屬於自己的活動，讓客戶跟你的心緊緊相依，成為你的頭號粉絲！

多元整合，讓一加一成為無限大

業務員，其實就是一個媒合者，透過業務員的連結，讓客戶認識到商品，讓商品找到好客戶。但是，如果只是把業務範圍侷限在自己的產品上，那太浪費了。所以有很多的業務員開始跨界合作！

跨界合作，一直都是業務員的強項。像是保險業務員跟會計師合作、房仲人員跟管委會、健康食品跟醫師或營養師合作等，都是目前已有的跨界整合案例。這些合作案例目前都是侷限在實體的合作上，但是在網路上是否可以有這樣的合作機會呢？當然有。事實上，透過網路可以找到更多元的合作

空間，可以擁有更多領域的合作機會。

多元整合，讓你成為客戶首選！

透過網路，業務員可以接觸到過去不容易接觸的人脈。舉例來說，過去保險業務員都是找會計師合作，但是透過網路，或許你可以跟出版社合作、跟插畫家合作，或者是跟不同的講師合作，當然也可以跟算命師合作。在網路上，只要你願意，其實合作的空間很大。

以我的粉絲團為例，我就找了插畫家跟我合作，我寫一篇文章之後，就請他把這篇文章畫成一張圖，然後在貼文的時候放入插畫家的粉絲團連結，對於插畫家有興趣的人，就會點連結進入，這時候我們合作的範圍就不只是圖文，還可以互相交換流量，增加兩方的粉絲量。

除了插畫家之外，因為我的粉絲團都是業務相關領域，所以有些出版社開始找上我，要我幫忙導讀一些業務書籍，還給了粉絲團成員低於博客來的優惠，最經典的一件事情就是「未生事件」：相信認識我的人都知道，我一向不喜歡韓國，所以我不會用三星、不用ＬＧ等商品；但是「未生」這套漫

> **業務銷售加油站**
> 7月1日
>
> 「人生如戲，全靠演技；人生如棋，贏在佈局」
> 這是看完漫畫《未生》後我寫下來的一段話。
>
> 雖然，我真的不喜歡韓國，但在這套漫畫中，我看到許多韓國職場和台灣的相似處，從辦公室文化、商業競爭...都似曾相似，但我最感興趣的是對於「選擇」的描述。
>
> 棋盤上有三百六十一個交會點，每一個交會點都像人生中的一次選擇，也許看不出小小的選擇會有多巨大的影響，但很多時候回顧我們的職場，就會發現看似小選擇，卻可以對未來造成重要的影響。
>
> 業務工作不就是如此嗎？無時無刻都在選擇著，選擇要不要堅持？還是選擇要放棄？選擇多一次拜訪？還是選擇偶而偷懶？不管是什麼選擇，我們都必須記得這些選擇將形塑我們的未來，也許，我們需要的只是「逼」自己一把吧。
>
> 《未生》的出版社給了我們業務銷售加油站的朋友遠低於博客來的優惠，如果你對於這套漫畫有興趣，自行跟他們聯繫囉，我們的專屬訂購連結：http://goo.gl/forms/qJDR6UL2gh
>
> 更多學習資訊歡迎關注我的LINE帳號：@UOB2248N

畫的出版社，卻找上我幫忙導讀這套漫畫，一度讓我很傻眼。後來被出版社編輯的誠意所打動，幫忙介紹了這套漫畫。

那麼，業務員要如何做到多元整合呢？最重要的關鍵在於：你的客戶群當中，還有哪些需求沒有被滿足？也就是說，你的網友還需要哪些其他服務！剛好這些服務都跟你提供的商品有關。就像是之前提到的保險業務員跟會計師、房屋仲介跟代書等，都是你可以合作的對象。

當你做好多元整合之後，客戶會發現：只要透過你，就可以滿足相關的需求。這樣一來，只要想到相關產品，客戶第一個想到就會是你，而你，就成為客戶的首選業務員囉！

分級你的人脈，成就更大績效

對於業務人員來說，人脈等於錢脈，所以如何打造人脈，絕對是業務員必修的一門課題。但是，常常會有人把人脈跟名單混為一談，認為自己換了很多的名片，就是擁有很多的人脈。有一次去聽了場演講，在會場當中有個人跟我交換名片，簡單的寒暄之後就繼續跟下一位換名片。當時我把對方的名片瞧了一下，翻到了背面之後，看到有一行字寫著：擁有上萬名人脈，歡迎交換人脈。那時候我感到非常傻眼，怎麼會有人把名單跟人脈混為一談呢？

什麼是名單？就是你手上有多少聯絡人資料。有些業務員手上擁有許多

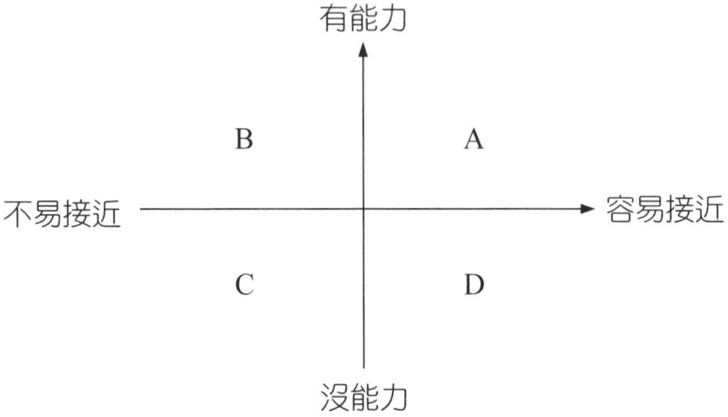

的名片，但是絕大部分名片上的人，卻對你一點印象都沒有，這樣真的是人脈嗎？真正的人脈應該是你有聯繫，而且跟你有過多次的互動，這樣才能算是你的人脈！

分級你的客戶，決定你的時間分配！

身為一個業務員，一定要清楚知道，那些人會是你的客戶、哪些人不會，你的人脈應該要如何區分。如果我們用用能力與接近難易度來分別客戶，會得到這樣的結果：

A：能力高、容易接近：好客戶。
B：能力高、不容易接近：潛在客戶。
C：能力低、不容易接近：不會是客戶。
D：能力低、容易接近：通常是閒人。

在這人脈當中，你最需要花時間的會是在B象限，因為他決定了你的未來業績，但是因為他們不好接近，所以需要花時間去經營；但大部分的業務員剛好相反，幾乎都是放在A、D上，特別是C，於是把時間白白浪費掉。

除了這四種類型之外，還有一些人是屬於E象限，也就是：值得交的朋友。我有一個朋友，是富邦人壽的頂尖業務，幾乎每次都拿第一名。很奇怪的事情是：他從來不會跟我推銷保險。有一次我就問她：「姐！為什麼你都不推銷我保險。」她笑笑地說：「我把你當朋友。」言下之意就是：你是值得交的朋友，就算沒有業務往來也沒有關係！

那應該要如何分級客戶呢？有兩個重要原則：不要帶著預設立場來分級客戶、不要急於把客戶分到4種象限之中。也就是說，你必須要透過互動之後，用客觀的角度來分類你的人脈，而不是憑著既定印象就做分級，搞不好就把潛在客戶往外推了！

如何透過網路做好客戶經營

除了分級人脈之外，另外一課題就是如何建立人脈。因為這一章主要是著墨在網路部分，所以只談如何透過網路做好客戶經營。如果在網路上看到想要經營的客戶，這時候你可以怎麼做呢？業務員可以去對方的臉書按讚、留言，然後跟對方開始產生互動。

一般來說，臉書最大的功能就是分享近況，所以在客戶的臉書上都會有他的最新動態，有時候客戶剛從日本回來、有時候客戶剛好碰到一件開心的事情等，都可以從臉書當中得到相關的訊息。如果這時候剛好要跟客戶碰面，就可以從這些訊息中找到話題，讓你可以順利地開場，讓客戶感覺到你有在關心他。所以，我非常建議業務員出門拜訪客戶之前，一定要看一下對方的臉書或社群網站，了解他的近況，說不定還有些成交線索在內喔！

先有自律才有自由，業務員的時間管理

一般來說，業務員的工作非常的自由，特別像是保險業務員、直銷人員等，這些性質的業務人員需要自己安排時間，如果沒有做好對的時間管理，就會像是無頭蒼蠅一樣，每天晃來晃去卻不知道要做些什麼。

業務的自由，來自於業務員的自律

很多人剛開始做業務的時候，都會有個錯誤想法：業務很自由！所以就恣意地放縱自己的時間，到了月底時才擔心自己的業績不夠，沒有辦法領到

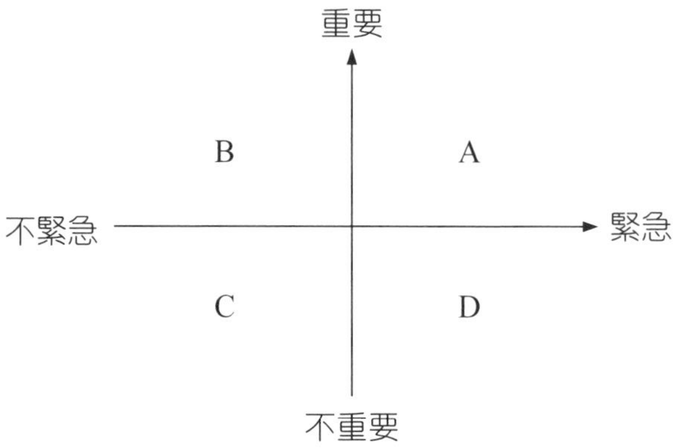

獎金。我常常跟學員說：「業務的自由，來自於業務員的自律；自律的關鍵在於時間管理。」、「你管的不是時間，而是你對時間的態度。」當你有足夠的自律能力時，你就能夠做好時間管理。

在很多書上都有提過，如果把「重要的事情」跟「緊急的事情」當做座標，可以區分出四個不同的象限：

A：重要、緊急

這類型的事情有：本月業績、本月報表、活動截止日等。這些緊急且重要的事情，應該要想辦法在最短時間內結束，不應該拖拖拉拉，讓事情變得不可收拾。

B：重要、不急

這類型的事情有：業務規劃、聯絡潛在客戶等，這些事情如果不先做，到時候就會隨著時間的推移變成A象限的事情。所以好的時間管理，應該要花60%的時間在這個象限的事務當中。

C：不重要、不急

這類型的事情有：打電動、玩遊戲、看電視等，這些事情應該等到事情都處理玩之後才來執行。

D：不重要、緊急

這類型的事情有：電話費、電費、水費、卡費等，這些事項雖然不重要，但很緊急。如果要處理這樣的事情，已經可以透過自動轉帳、網路轉帳等方法來處理，或者是把這些事情集中在一段時間內處理，都可以有效地解決這類型的事項。

透過這些事務的分類，我們可以知道處理的順序應該是A->D->B->C，但是在於花費的時間比例上，應該是B>A>D>C，這樣才是好的時間管理順序。

時間管理小秘訣

剛剛提過了時間安排的順序跟比例，但是想要做好時間管理，一定要注意以下的事項，才能夠幫助你不疾不徐地做好業務，讓你的時間綽綽有餘。

・善用智慧型手機

現在已經是人手一機的時代，所以很多人花了很多的時間在手機上，連睡覺前都不放過。這是危機，也是轉機。如果業務員只是把手機當做遊戲工具，或者只是一直瀏覽臉書，那麼就是在做沒有生產力的事情。真正善用手機的方式，就是透過手機來進行任務管理、管理粉絲團等，才是善用智慧型手機的方式。

·記錄永遠比記憶重要

身為業務人員，事情通常繁多又複雜，所以一定要養成隨時記錄的習慣，有任何事情就要記錄起來，能透過手機分攤出去的工作，最好儘快就處理好，免得到時候忘記了，還要花更多的功夫來補救。

·適當的休息與學習

在人生當中，除了工作之外，休息跟學習也是非常重要的一環。休息，當然沒有任何問題；但是為什麼會提到學習呢？現在是一個資訊爆炸的時代，網路上有非常多的訊息在流通，很多人認為資訊既然是免費的，那麼我們為什麼還要花錢去學習呢？這邊我要給讀者一個觀念：資訊不等於知識，我們學習的是知識，不是資訊。資訊是冰冷的訊息，但知識是人們經過消化、實踐之後，所分享出來的心得，所以當你學習別人的知識，就是快速地吸收他人的經驗，那樣的結果跟單純吸收資訊無法相提並論。

・善用瑣碎的時間

在事情跟事情當中，通常會有一些瑣碎的時間，這時候可以把握這樣的時間，處理一些緊急不重要的事情，像是寫卡片給客戶、繳費等。又或者可以把這樣的時間，來做短暫的學習，都是不錯的選擇。

・塊狀化你的時間

有些人在安排時間的時候，常常會一下子做A、一下子做B，結果一整天下來，什麼事情也沒有完成。這時候，就需要懂得如何「塊狀化」自己的時間，也就是把相同的事情放在一起做。舉例來說，假設今天要聯絡客戶、整理資料、跟部屬開會等事情，如果隨性地一下子聯繫客戶，然後一下子整理資料，靈感來的時候找部屬開會，這樣就會讓你的時間變得凌亂。這時候你可以這樣安排：上午9點到10點跟部屬開會、10點到12點都在聯絡客戶，下午2點到4點的時間整理資料。這樣一來，你就知道哪些事情只要做哪些事情，然後專注地完成這些事情，不僅節省了許多時間，還能提高做事效率！

只要依照這些方法，絕對可以順利地幫業務員做好時間管理，除了讓業務員的業績高人一等外，還能讓擁有更多的時間可以運用，這樣才能當一個有效率的頂尖業務員。

國家圖書館出版品預行編目(CIP)資料

想成交,先要有被拒絕的勇氣 / 陳彥宏著.
-- 初版. -- 新北市 : 智富, 2016.04
面； 公分. --（風向 ; 91）

ISBN 978-986-6151-92-7（平裝）

1.銷售 2.行銷心理學

496.5 105003166

風向 91

想成交，先要有被拒絕的勇氣

作　　者／陳彥宏
繪　　者／趙祺翔
文字協力／林又旻
主　　編／簡玉珊
責任編輯／陳文君
出 版 者／智富出版有限公司
地　　址／（231）新北市新店區民生路 19 號 5 樓
電　　話／（02）2218-3277
傳　　真／（02）2218-3239（訂書專線）、（02）2218-7539
劃撥帳號／ 19816716
戶　　名／智富出版有限公司　單次郵購總金額未滿 500 元（含），請加 50 元掛號費
世茂集團網站／ www.coolbooks.com.tw
排版製版／辰皓國際出版製作有限公司
印　　刷／世和彩色印刷股份有限公司
初版一刷／ 2016 年 4 月
　　四刷／ 2016 年 5 月

I S B N ／ 978-986-6151-92-7
定　　價／ 300 元

黏貼處

電話：(02) 22183277
傳真：(02) 22187539

世茂好書．豐富心靈
世潮精典．智慧同行

廣告回函
北區郵政管理局登記證
北台字第 9702 號
免貼郵票

231新北市新店區民生路19號5樓

世茂
世潮 出版有限公司 收
智富

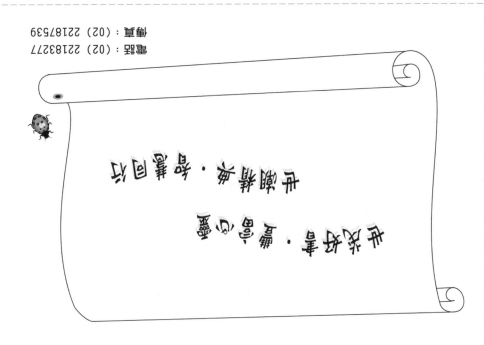

黏貼處

讀者回函卡

感謝您購買本書，為了提供您更好的服務，歡迎填妥以下資料並寄回，我們將定期寄給您最新書訊、優惠通知及活動消息。當然您也可以E-mail：service@coolbooks.com.tw，提供我們寶貴的建議。

您的資料（請以正楷填寫清楚）

購買書名：________________________________

姓名：________________ 生日：______年____月____日

性別：□男 □女 E-mail：________________________

住址：□□□______縣市________鄉鎮市區________路街
______段______巷______弄______號______樓

聯絡電話：________________________

職業：□傳播 □資訊 □商 □工 □軍公教 □學生 □其他：______

學歷：□碩士以上 □大學 □專科 □高中 □國中以下

購買地點：□書店 □網路書店 □便利商店 □量販店 □其他：______

購買此書原因：____ ____ ____ ____ ____ ____（請按優先順序填寫）
1封面設計 2價格 3內容 4親友介紹 5廣告宣傳 6其他：______

本書評價：____ 封面設計 1非常滿意 2滿意 3普通 4應改進
____ 內容 1非常滿意 2滿意 3普通 4應改進
____ 編輯 1非常滿意 2滿意 3普通 4應改進
____ 校對 1非常滿意 2滿意 3普通 4應改進
____ 定價 1非常滿意 2滿意 3普通 4應改進

給我們的建議：______________________________